Terahertz-Spektroskopie: Einsatzmöglichkeiten in der Elastomerverarbeitung

Terahertz-Spektroskopie: Einsatzmöglichkeiten in der Elastomerverarbeitung

von der Fakultät für Elektrotechnik, Informationstechnik, Physik
der Technischen Universität Braunschweig
Zur Erlangung der Würde
eines Doktor Ingenieurs (Dr.-Ing.)
genehmigte Dissertation

von

Björn Ole Peters

aus Lippstadt

eingereicht am	14.05.2013
mündliche Prüfung am	31.07.2013
Referentinnen oder Referenten	Prof. Wolfgang Kowalsky
	Prof. Martin Koch

Bibliografische Information der Deutschen Nationalbibliothek
Die Deutsche Nationalbibliothek verzeichnet diese Publikation in der Deutschen Nationalbibliografie; detaillierte bibliografische Daten sind im Internet über http://dnb.d-nb.de abrufbar.
1. Aufl. - Göttingen : Cuvillier, 2013
Zugl.: (TU) Braunschweig, Univ., Diss., 2013

978-3-95404-485-6

Nonnenstieg 8, 37075 Göttingen
Telefon: 0551-54724-0
Telefax: 0551-54724-21
www.cuvillier.de

1. Auflage, 2013
Gedruckt auf umweltfreundlichem, säurefreiem Papier aus nachhaltiger Forstwirtschaft.

978-3-95404-485-6

Try not. Do. Or do not. There is no try.
Yoda

Vorwort

Die vorliegende Arbeit ist während meiner Zeit als wissenschaftlicher Mitarbeiter an den Universitäten in Braunschweig und Marburg 2008 bis 2012 entstanden. Sie basiert größtenteils auf Arbeiten aus dem Drittmittelprojekt „Extrutera“, das ich in den letzten zwei Jahren meiner Promotion bearbeitet habe.

Prof. Andreas Waag hat den Vorsitz meiner Prüfungskommission übernommen, Prof. Wolfgang Kowalsky hat nach meinem Umzug nach Marburg freundlicherweise das Erstreferat meiner Arbeit übernommen. Beiden gilt Dank für diese Unterstützung.

Prof. Martin Koch danke ich für die Aufnahme in seiner Arbeitsgruppe. Die Freiheit, die er seinen Doktoranden lässt war häufig ein Antrieb für Kreativität und noch öfter eine Herausforderung, immer aber ein Ansporn. Prof. Koichiro Tanaka und seinen Kollegen an der Universität von Kyoto danke ich für die Aufnahme bei meinem Forschungsaufenthalt.

Ich danke meinen Projektpartnern ContiTech AG und Menlo Systems GmbH sowie dem VDI als Projektträger. Ohne Ihre Unterstützung wäre die Arbeit nicht möglich gewesen. Ich danke Continental für die Bereitstellung vieler Materialproben, die Konstruktion der genutzten Extrudersonde und die Möglichkeit, mehrmals einen Extruder für Messungen zu nutzen. Menlo System danke ich für die Bereitstellung eines Lasersystems und einer Klimakammer für meine Messungen sowie den schnellen, unkomplizierten Support bei technischen Problemen. Bei beiden Partnern bedanke ich mich für die Gastfreundschaft bei meinem Besuchen. Die vermessenen Proben stammen von ContiTech sowie der Invent GmbH. Messungen zur Dispergierung von CNTs in Polymeren wurden an einem SNOM der Firma NeaSPEC durchgeführt.

Rainer Scheunemann, Wolfgang Hänsel, RafałWilk und Ronald Holzwarth von Menlo Systems sowie Stefan Sostmann, Steffen Wietzke und Sebastian Schirrmacher von ContiTech danke ich persönlich für die freundschaftliche Unterstützung und die Gastfreundschaft bei meinen Besuchen, die weit über das hinausgingen, was man von seinen Projektpartnern erwarten kann.

Dr. Bernd Fischer danke ich für die fachliche Betreuung, für die Zeit, meine Ergebnisse zu diskutieren und kritisch zu hinterfragen.

Eine experimentelle Arbeit ist ohne Helfer im Hintergrund nicht denkbar. Ich danke den Sekretäriaten aus Braunschweig (Christa Vogel und Kornelia Nowack) und Marburg (Maya Strobel, Anne Ehlers und Patricia Rother), die mir, vor allem in der Umzugsphase, den Rücken freigehalten haben. Rüdiger Rink, Herrmann Günther und Rainer Täubner aus Marburg und Olaf Flechtner und seiner Werkstatt aus Braunschweig haben des öfteren und manchmal recht kurzfristig meiner nicht immer eindeutigen Ideen und Zeichnungen in Bauteile umgesetzt. Die Elektronikwerkstatt von Matthias Born war eine große Hilfe beim Aufbau spezieller Schaltungen und ganz besonderen Adapterkabeln. Allen Werkstätten danke ich für ihre Unterstützung und Ideen.

Marina Gerhardt, Sina Lippert und Marco Reuter danke ich für die Korrekturen und Hinweise. Florian Cygus danke ich für die finale Korrektur und die Vielzahl der zusätzlichen Satzzeichen. Alexander Kudielka danke ich für die Hilfe bei den chemischen Darstellung und die Klärung der vielen Chemiefragen, die ich mich nicht getraut habe, Prof. Sostmann zu stellen.

Unersetzliche Hilfe bei der Arbeit sind die Kollegen. Norman Krumbholz hat mich bereits in meiner Diplomarbeit in das Thema der industriellen Terahertzmessung geführt. Bei ihm habe ich gelernt, im Richtigen Moment penibel genau zu arbeiten und im richtigen Moment an der richtigen Stelle zu pfuschen. Er hat auch wichtige Vorarbeiten für mein Promotionsprojekt gemacht. Benedikt Scherger war ein wichtiger Begleiter in meiner Promotionszeit, auf Konferenzen und in meiner Zeit in Kyoto. Von Kristian Altmann habe ich während und nach seiner Diplomarbeit mindestens soviel gelernt wie ich ihm beibringen konnte. Michael Schwerdtfeger war nicht nur bei der Korrektur meiner Arbeit eine pedantische Hilfe, sondern auch ein gern gesehener Helfer, der auch unter Zeitdruck seine beneidenswerte Ruhe nicht verliert. Steffen Schumann danke ich für die gemeinsame Zeit im Büro und für viele wertvolle und wertlose Diskussionen. Für die angenehme Zusammenarbeit danke ich meinen Kollegen Kai Baaske, Tomask Hasek, Bernd Heinen, Christian Jansen, Thorsten Probst, Maik Scheller, Matthias Stecher und dem Großmeister der Gitarre, Nico Vieweg.

Nicht zuletzt gilt mein Dank meinen Eltern, die mich auf meinem Weg bestätigt und unterstützt haben.

Marburg, im August 2013

Ole Peters

Inhaltsverzeichnis

1 Einleitung

A ship in a harbor is safe, but that is not what a ship is built for.
Grace Hopper

Die Erzeugung von Terahertzstrahlung mit photoleitenden Antennen ist seit den späten 1980er-Jahren bekannt [1]. Kurz danach begann man, angespornt von erfolgreichen Messungen, eine Vielzahl von Anwendungen in der industriellen und medizinischen Messtechnik zu demonstrieren. An getrockneten Dünnschnitten wurden spektroskopische Unterschiede zwischen gesundem Gewebe und Krebszellen gezeigt [2]. Dünnschnitte von Zähnen wurden untersucht [3] und es wurde gezeigt, dass die Terahertzreflexion von Hautkrebszellen nicht denen von gesunder Haut entspricht [4], [5]. Ähnliche Beispiele für erfolgreiche Studien existieren auch in anderen Gebieten, auch in der Polymertechnik. Alle diese Arbeiten sind wissenschaftlich sauber ausgeführt und waren wichtige Beiträge für die Weiterentwicklung der Technologie. Sie haben mögliche Anwendungsfelder gezeigt und waren für das Verständnis der Möglichkeiten der Terahertzspektroskopie richtungsweisend.

Trotz einer Vielzahl derartiger Demonstrationen und begeisterter Kommentare möglicher Anwender ist die Liste der praktisch genutzten Anwendungen noch sehr kurz. Das mag einerseits an den konservativen Anwendern liegen, die eine neue Technik erst akzeptieren, wenn sie deutlich besser, günstiger oder genauer als die bekannte, etablierte ist. Die vorgestellte Messung benötigt häufig sehr komplexe Probenpräparationen oder eine etablierte Technologie erfüllt alle Anforderungen und macht weitere Verfahren unnötig. Häufig werden für die Demonstrationen idealisierte Proben genutzt, ohne die Umsetzbarkeit in einem realen Umfeld zu beachten. Nicht zuletzt verlangen auch die aktuellen, bedienerfreundlichen Terahertzsysteme ein gewisses Verständnis von der Funktionsweise der Systeme und elektromagnetischer Wellen zur Interpretation der Ergebnisse.

Warum soll man also an der Überwachung von seit Jahren eingefahrenen Prozessen forschen? Die Herstellung von Elastomerbauteilen ist bereits seit Jahrzehnten auf einem sehr hohen Niveau. Es gibt eine Vielzahl von Büchern und Normen zur Qualitätssicherung bei der Elastomerforschung, eine Vielzahl von Technologien werden genutzt, der ganze Prozess scheint ausreichend kontrolliert zu sein. Ein erfahrener Gummimischer wird die Frage, ob er noch ein weiteres Messgerät braucht, verneinen: Er kann die Qualität des Materials an Geruch und Farbe erkennen oder beißt auf die Matte, um die Härte zuverlässig und erstaunlich genau abzuschätzen.

Es gibt jedoch gute Gründe, sich weiterhin mit der Fertigungsüberwachung von Elastomeren zu beschäftigen. Die steigenden Anforderungen an die Materialien spiegeln sich in immer engeren Toleranzen für die Zutaten wider, die Anzahl an Materialvariationen steigt stetig. Nicht zuletzt ist das Gebiss eines Gummimischers nicht ISO9000-zertifizierbar.

Der Trend zum Lean Management, also einer schlanken Fertigungskette, einer hohen Wertschöpfung und einem effizienten Umgang mit den Rohstoffen, verlangt unter anderem die Einsparung von Handarbeit und kurzen Lagerzeiten zwischen den Produktionsschritten. Wurde eine Charge vorgemischten Materials früher vor der Weiterverarbeitung mehrere Tage gelagert, wird heute eine Fertigungskette ohne Lagerzeiten angestrebt, in der das Material ohne Zeitverlust zwischen den Fertigungsschritten transportiert wird oder direkt zwischen den Maschinen wechselt.

Die kürzere Fertigungszeit fordert neben einer ausgeklügelten Logistik schnellere Testverfahren. Durch die kurzen Lagerzeiten ist eine kontinuierliche Prüfung im Labor nicht mehr möglich. Wenn das Ergebnis vorliegt, ist das Material eventuell bereits zwei Fertigungsschritte weiter oder wird für die weitere Verarbeitung ins Ausland verschifft. Abgesehen von der hohen Abfallmenge entstehen durch die weitere Verarbeitung der fehlerhaften Charge unnötige Kosten. Wünschenswert wäre ein mobiles Messgerät, in das man eine Materialprobe gibt und instantan eine leicht zu interpretierende Information, idealerweise eine klare „gut/schlecht“-Aussage erhält.

Auch wenn die Fertigung immer besser wird, muss eine Qualitätsverbesserung immer auch messbar sein. Ein Anbieter kann den höheren Preis des hochwertigen Produktes erst verlangen, wenn er die Qualität durch normierte Messungen nachweisen kann. Die momentan etablierten Prüfverfahren im Elastomerbereich sind größtenteils Labormessungen, die nur mit einem hohen Zeitaufwand an wenigen Proben durchgeführt werden können. Inline-Messungen, die kontinuierlich und automatisiert genutzt werden können, zeigen hier deutliche Vorteile.

Ein weiterer Trend in der Elastomerherstellung ist es, Arbeitsschritte zu verschmelzen. Ein Beispiel hierfür sind Mischextruder, die genutzt werden, um aus einer Reihe Grundrezepten auf Kundenwunsch spezifische Mischungen herzustellen und direkt in einer fertigen Form zu produzieren. Die im Folgenden vorgestellte Extrudersonde ist ein Ansatz, bei dieser Produktion eine finale Bestätigung der Qualität zu bekommen. Eigene Messungen (s. Kapitel 6.3.2) zeigen, dass das bei einem schlecht eingestellten Prozess hergestellte Material alles andere als konstant ist. Bei diesen komplexen Fertigungsschritten kann eine in den Prozess integrierte Sonde für eine Abfallminimierung sorgen, indem fehlerhafte Materialchargen oder Geräteeinstellungen frühzeitig erkannt werden.

Da die Zielgruppe dieser Arbeit sowohl aus der Polymertechnik als auch der Terahertztechnik stammt, bieten die Kapitel 2 und 3 den Lesern einen Überblick über das jeweils andere Fachgebiet, der das Verständnis der folgenden Messungen ermöglichen soll. Für eine weitergehende Beschäftigung sind entsprechende Quellen angegeben.

Das Kapitel 2 soll Elastomertechnikern einen kurzen Überblick über die Möglichkeiten, Problemstellungen und Technologien der Terahertzspektroskopie geben und ein Leitfaden über die wichtigen Fragen des Systembaus sein. Neben einem Überblick über die verschiedenen technologischen Ansätze zur Erzeugung und Detektion von Terahertzstrahlung wird die im weiteren genutzte Zeitbereichsspektroskopie im Detail erklärt. Im Anschluss soll ein kurzer Überblick über die Anwendungsfelder der Terahertzspektroskopie ein Gefühl für die Möglichkeiten und Besonderheiten der Technologie geben. Ein kurzer Blick über den Tellerrand der Zeitbereichsspektroskopie soll alternative Technologien präsentieren, insbesondere solche, die für den industriellen Einsatz genutzt werden oder vielversprechend erscheinen.

Im anschließenden Kapitel werden die Grundlagen der Elastomertechnik besprochen. Neben der Prozesstechnik, also einer kurzen Beschreibung des Vorganges zur Herstellung eines Gummibauteils von der Ernte des Naturkautschuks zur finalen Vulkanisierung, werden die momentan genutzten Techniken zur Fertigungsüberwachung und Qualitätskontrolle vorgestellt. Ebenfalls wird ein kurzer Überblick über die verbreitetsten Additive und ihre Aufgaben gegeben. Die Materialien und Materialfamilien, die bei den folgenden Messungen genutzt werden, werden mit ihrer chemischen Zusammensetzung, ihren typischen Eigenschaften und Einsatzgebieten kurz vorgestellt (Kapitel 3.3).

In Kapitel 4 werden einige Aspekte der Entwicklung industrietauglicher Terahertzsysteme diskutiert. In den vergangenen Jahren wurden Terahertzsysteme durch den technischen Fortschritt und die zunehmende Nutzung von Faserkomponenten stabiler und deutlich störfester. Die üblichen Ansätze für stabile und flexible Systeme werden im Bezug auf die konkrete Anwendung, die Extrudermessung, diskutiert. Dabei wird auch tiefer auf die Frage der Temperaturstabilität der genutzten Antennen eingegangen. Das entwickelte System wird in Details vorgestellt und ein kurzer Überblick über die sonstigen, im Verlauf der Arbeit genutzten Systeme gegeben.

Im Kapitel 5 werden verschiedene Voruntersuchungen aus dem Terahertzlabor gezeigt. Neben Voruntersuchungen zur Beschaffenheit von marktüblichen Elastomeren wird erstmals untersucht, wie sich Änderungen in der Materialzusammensetzung mit einem THz-Spektrometer überwachen lassen.

Es hat sich in den Untersuchungen an Elastomeren sehr schnell gezeigt, dass die Zusatzstoffe nicht nur die mechanischen Eigenschaften, sondern auch die Terahertzeigenschaften eines Materials deutlich dominieren. Entsprechend wurde mehr Gewicht auf die Untersuchung der Zustatzstoffkonzentration und -verteilung gelegt als auf die chemischen Eigenschaften der Rohmaterialien, auch wenn sich hier einige sehr interessante Fragestellungen ergeben haben.

Im Rahmen der Laboruntersuchungen wurden auch verschiedene Messungen zur Bestimmung der Rußdispergierung im Material vorgenommen. Neben spektroskopischen Messungen werden bildgebende Messungen der Konzentrationsschwankung sowie Nahfelduntersuchungen von Agglomerationen gezeigt.

Für die Überwachung der Elastomerproduktion wurde in Zusammenarbeit mit den Projektpartnern ContiTech und Menlo Systems eine Extrudersonde entwickelt, die es erlaubt, das aus dem Extruder strömende Material in Echtzeit zu vermessen. Somit ist es möglich, auch kleine Änderungen in der Materialbeschaffenheit in Echtzeit zu detektieren. Die Konstruktion dieser Sonde und Probemessungen sind in Kapitel 6 vorgestellt. Die Möglichkeit, die Materialzusammensetzung inline im Extrusionsprozess zu überwachen ist beim momentanen Stand der etablierten Technik nicht möglich. Insbesondere angesichts der aktuellen Trends zu kürzeren, hoch automatisierten Fertigungsverfahren bietet die Terahertzmesstechnik somit ein hohes Innovationspotential.

Die Arbeit endet mit einer Zusammenfassung der Ergebnisse sowie einer Diskussion möglicher weiterer Schritte. Auch wenn einige Schritte zur industriellen Anwendung getan sind und auch von anderen Stellen getan wurden, ist der Weg zur Anwendung zwar begonnen, aber noch lange nicht beendet.

2 Grundlagen der Terahertzspektroskopie

Die häufig beschworene Terahertzlücke zwischen der Mikrowellenstrahlung (bis ca. 70 GHz) und dem Infrarotbereich, der je nach Definition bei ca. 20 THz beginnt, wurde in den frühen 1990er Jahren durch die Einführung von Terahertz-Zeitbereichs-Spektroskopiesystemen geschlossen [1]. Doch die gepulste Anregung von Antennen mit Kurzpulslasern ist nur eine von vielen Möglichkeiten, Terahertzstrahlung zu erzeugen und zu messen.

Aktuell sind die im englischen Sprachraum nach ihrem Erfinder *Auston Switch* genannten photoleitenden Antennen die am weitesten fortgeschrittene Technologie, um Signale im Terahertzbereich zu erzeugen. Dennoch ist bei Betrachtungen für die industrielle Messtechnik ein Blick über den Tellerrand der elektro-optischen Erzeugung notwendig. Im Bereich der eletronischen Erzeugung gab es in den letzten Jahren Fortschritte, so dass bereits Dioden mit einer Frequenz von über 1,5 THz demonstriert wurden [6]. Vor allem im Bereich kostengünstiger, wartungsarmer Systeme für eine fest definierte Aufgabe könnten elektronische Quellen in Zukunft die Oberhand gewinnen. In keinem Fall werden sie in absehbarer Zeit das „klassische" Terahertz-TDS-System bei breitbandigen Laboruntersuchungen ablösen.

Die Position zwischen Mikrowellen und Optik lässt erahnen, dass die Technologien zur Erzeugung und Detektion von THz-Strahlung aus beiden Richtungen kommen können. Man kann also entweder elektronische Quellen für höhere Frequenzen entwickelt, bis sie in den THz-Bereich reinragen oder die Wellenlänge von optischen Quellen bis in den Bereich von 300 µm, also 1 THz, verlängern. Die elektro-optische Erzeugung und Detektion wird in Kapitel 4 noch genauer beleuchtet, weswegen an dieser Stelle nur der prinzipielle Aufbau eines Zeitbereichs-Spektrometers dargestellt wird. Ein eigenes Unterkapitel wird den Quasioptiken, also Parabolspiegeln und Linsen zur Kollimation und Fokussierung, gewidmet.

Häufig treten THz-Quelle und -Detektor im Paar auf. Ein physikalisches Phänomen kann von der einen Seite angegriffen zur Erzeugung von Strahlung genutzt werden, von der anderen aus zur Detektion. Entsprechend werden Emitter und Detektoren jeweils in einem gemeinsamen Kapitel abgehandelt. Selbstverständlich sind nicht alle Effekte gleich gut als Erzeugungs- und Detektionsmechanismus einsetzbar, einigen Bauteilen (thermischen Detektoren oder Gaslasern) fehlt das Äquivalent oder es ist zu ineffizient, um genutzt zu werden. Thermische THz-Strahlung ist Teil der Hintergrundstrahlung und ist insbesondere für die Astronomie von großer Bedeutung [7], [8], eine thermische Quelle für spektroskopische Anwendungen ist jedoch, im Gegensatz zum thermischen Detektor, wenig sinnvoll.

Auch wenn die Komponenten hier paarweise behandelt werden, ist selbstverständlich auch die Kombination verschiedener Technologien möglich (z.B. elektro-optische Erzeugung und bolometrische Detektion [9]).

2.1 Elektronische Quellen und Detektoren

Man kann eine elektronische Strahlungsquelle in zwei Komponenten aufteilen: einen Schwingungserzeuger und eine Antenne zur Abstrahlung. Ein $\lambda/2$-Dipol für 1 THz in Luft ist 150 µm lang, eine Länge, die mittels Photolithographie problemlos herstellbar ist. Hornantennen in der gegebenen Größenordnung lassen sich ebenfalls herstellen [10]. Wellenleiter haben zwar das Problem einer starken Dispersion [11], sind ansonsten, gerade für cw-Anwendungen, aber technisch nutzbar.

Die technische Herausforderung liegt also vielmehr in der Schwingungserzeugung. Üblicherweise werden Frequenzen im technisch erschlossenen hohen Megahertz-Bereich erzeugt und dann mit einer Kaskade von Mischelementen in den Terahertzbereich hochgemischt. Quellen bis weit über 1,5 THz wurden bereits demonstriert [6], Messköpfe für 850 GHz sind kommerziell verfügbar [12]. Eine Frequenzmodulation (Frequency Modulated Continous Wave, FMCW) sorgt für eine exakte Auswertbarkeit der Signallaufzeit und damit für die Bestimmung der Dicke oder des Brechungsindexes einer Probe [13].

Als Mischer bieten sich z.B. Schottky-Dioden aus GaAs an, die für Frequenzen bis einige hundert GHz erhältlich sind. Üblicherweise wird das Signal in mehreren (meist drei) Stufen hochgemischt [14]. Vergleichbare Mischer bieten sich auch für die Detektion an, hier wird das Signal aus dem Terahertzbereich in den Kilohertzbereich runtergemischt, um dann digital weiterverarbeitet zu werden [15]–[17].

Eine Eigenschaft dieser Art von Quellen ist, dass die Komponenten resonant aufgebaut sind und nur in einem relativ schmalen Frequenzband wirklich effektiv arbeiten. Im Gegenzug sind sie hochgradig fehlerunanfällig und wartungsarm. Eine gewisse Anfälligkeit für elektrostatische Entladungen kann durch geeignete Maßnahmen minimiert werden.

Die erreichbare Ausgangsleistung fällt prinzipbedingt mit $1/f^3$ ab. Entsprechend ist es schwierig, bei Frequenzen jenseits von 1 THz Leistungen im Mikrowatt-Bereich zu erreichen. Eine Kühlung der Komponenten erhöht die erreichbare Ausgangsleistung, schränkt jedoch aufgrund des höheren technischen Aufwandes auch die Anwendungsbereiche der Technologie ein. Ein Betrieb bei Temperaturen, die mit elektrischer Kühlung erreichbar sind (Peltier-Elemente können bis ca. 180 K kühlen) oder besser noch bei Zimmertemperatur (ca. 300 K) ist Bedingung für die wirtschaftliche Nutzung der Komponenten.

2.2 Optische Quellen und Detektoren

Der Weg von den optischen Quellen in den Terahertzbereich gestaltet sich relativ schwierig. Ein Photon bei 1 THz hat eine Photonenenergie von 4,1 meV. Zum Vergleich: die Bandlücke von GaAs beträgt 1,43 eV. Eine Terahertz-Leuchtdiode würde am fehlenden Material und vor allem der viel zu kleinen Bandlücke scheitern. Dennoch werden für einige Verfahren, z.B. für den Quantenkaskadenlaser, Ansätze gewählt, deren physikalisches Verhalten an einen Halbleiter mit einer derartig schmalen Bandlücke erinnert.

2.2.1 Erzeugung mittels nichtlinearer Mischung

Die Erzeugung von Terahertzstrahlung bei hohen Leistungen >10 mW ist bis heute eine Herausforderung. Zwar existieren Ansätze, die meisten Quellen dieser Größenordnung sind jedoch sehr groß und haben einen nicht nennenswerten Wirkungsgrad.

Ein Oberflächenemitter (Vertical External Cavity Surface Emitting Laser, VECSEL) im Zweifarbbetrieb [18] erzeugt sehr hohe intrakavitäre Leistungen. Gleichzeitig ist die Kavität dieses Lasertyps groß und zugänglich genug, um einen Kristall zum nichtlinearen Mischen einzubauen [19]. Mit einem geeigneten Kristall, der kontinuierliche Phasenanpassung garantiert, können Leistungen von bis zu 50 mW bei Zimmertemperatur erreicht werden. Mit einem gepulsten VECSEL könnte dieselbe Technik auch zu einer gepulsten THz-Quelle mit hoher Ausgangsleistung führen.

2.2.2 Gaslaser

Wie andere Lasertypen auch, arbeiten Gaslaser mit angeregten Zuständen von einem aktiven Medium. Um eine Emission im THz-Bereich zu erreichen werden Übergänge zwischen Rotationszuständen von Gasmolekülen ausgenutzt. Viele dieser Zustände befinden sich im ferninfraroten Bereich und reichen runter in den Bereich um 1 THz [20].

Für einen Gaslaser wird eine Glasröhre mit dem entsprechenden Gas bei einem niedrigen Druck gefüllt. Die transparenten Endflächen der Glasröhre und entsprechende Spiegel bilden die Kavität. Als Anregungsquelle werden CO_2-Laser oder Hochspannungsentladungen genutzt.

Die Emissionsfrequenz eines Gaslasers ist von dem enthaltenen Gas abhängig, wodurch ein Gaslaser einen breiten Frequenzbereich abdecken kann. Tabelle 2.1 zeigt einige Beispiele für mögliche Wellenlängen, eine ausführliche Übersicht bietet [21].

Tabelle 2.1: Emissionsfrequenzen und -wellenlängen eines Gaslasers nach [21]

Gas	Frequenz / THz	Wellenlänge / µm
CH_2F_2	1,27	236
	1,81	165
	2,46	12
CH_3Cl	0,81	370

Die Ausgangsleistung von Gaslasern liegt im Bereich von einigen 10 mW. Nachteilig sind die große Bauform und der hohe Wartungsaufwand, der mit dieser Laserbauform verbunden ist.

2.2.3 Quantenkaskadenlaser

Das Bauteil, das einem Terahertz-Diodenlaser am nächsten kommt, ist der Quantenkaskadenlaser (QCL) [22]. Im Gegensatz zum konventionellen Halbleiterlaser entsteht die Strahlung nicht durch den Übergang zwischen Leitungs- und Valenzband sondern zwischen Subbändern im Valenzband, die durch eine GaAs/InGaAs-Übergitterstruktur entstehen. Wurden die ersten QCLs für den Terahertzbetrieb noch mit flüssigem Helium gekühlt, stehen inzwischen Module mit einer elektrischen Temperierung zur Verfügung [23], was einen Einsatz im Forschungs- und Industriebereich ermöglicht. Die Emissionswellenlänge von QCLs ist durch die Dicke der Quantenfilme vorgegeben und lässt sich nur sehr begrenzt durchstimmen. Terahertz-QCLs werden insbesondere als Lokaloszillatoren in der Radioastronomie eingesetzt [24].

2.3 Thermische Detektoren

Die beiden gebräuchlichsten thermischen Detektoren für den Terahertzbereich sind Bolometer und Golay-Zellen. Beide Sensoren zeichnen sich durch einen sehr flachen Frequenzgang aus, bei einer Detektion ist eine vorhergehende Filterung durch ein geeignetes Fenster und eine Lock-In-Detektion unumgänglich. Beide Sensoren zeichnen sich durch eine hohe Empfindlichkeit aus, sie sind jedoch nur für sehr kleine Leistungen geeignet und sind relativ träge.

2.3.1 Golay-Zellen

Die Golayzelle basiert auf einem geschlossenen Raum, der mit einem bekannten Gas gefüllt ist. Ein Teil der Außenwand ist als Membran ausgelegt und auf der Außenseite reflektierend beschichtet. Bei Erwärmung dehnt sich das Gas aus, was zu einer Ausbeulung der Membran führt. Diese wird optisch abgetastet und in ein Messsignal umgesetzt.

2.3.2 Bolometer

Das Bolometer misst eine einfallende Leistung durch die hochgenaue Messung des Leitwertes eines geeigneten Leiters oder Halbleiters. Bei Einfall von elektromagnetischer Strahlung erwärmt sich das Material, was sich im Leitwert niederschlägt. Klassische Bolometer sind Helium-gekühlt und gehören zu den sensitivsten Sensoren für elektromagnetische Strahlung.

Inzwischen wurden Mikrobolometer-Arrays entwickelt, die auch im höheren Terahertzbereich sensitiv sind. Die Technik ist von Infrarotkameras bekannt und ermöglicht bei ausreichend hoher Terahertzleistung bildgebende Messungen in Echtzeit. Mikrobolometer basieren auf Halbleiterstrukturen und kommen ohne eine aufwendige Helium-Kühlung aus.

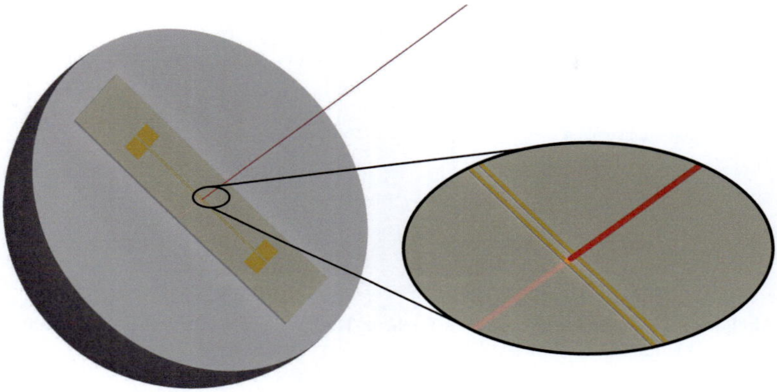

Abbildung 2.1: Eine Terahertzantenne auf der vorkollimierenden Si-Linse. Der Laserstrahl (rot) schaltet die Antenne, die großen Pads werden zur Kontaktierung genutzt.

2.4 Elektro-optische Quellen

Die sogenannten elektro-optischen Quellen sind genau betrachtet elektronische Quellen, wie sie in Kapitel 2.1 beschrieben werden. Die Auskopplung geschieht durch eine Antennenstruktur, die auf ein metallischen Halbleitermaterial mit kurzen Ladungsträgerlebensdauern aufgebracht ist (Abb. 2.1). Die Schwingungserzeugung findet allerdings nicht, wie bei anderen Quellen üblich, in einem gesonderten Bauteil, sondern in einer Unterbrechung der Antennenstruktur statt. Dabei entsteht direkt die benötigte Terahertzfrequenz und das Signal muss nicht weiter gemischt werden. Die Anzahl der freien Ladungsträger und damit die Leitfähigkeit der Antenne wird durch die Beleuchtung mit einem Laser kontrolliert. Bei Beleuchtung ist das Material leitfähig, ohne Beleuchtung fließt nur ein sehr geringer Dunkelstrom. Wird nun zur Beleuchtung ein kurzer, aber energiereicher Femtosekundenpuls genutzt, ermöglicht dieser bei angelegter Vorspannung für eine kurze Zeit einen Stromfluss, der entsprechend den Maxwellschen Gesetzen eine elektromagnetische Welle erzeugt [25].

Die verschiedenen Arten der elektro-optischen Erzeugung unterscheiden sich nach der Art des genutzten Lasers. Neben der in den folgenden Experimenten genutzte Zeitbereichsspektroskopie (engl. Time Domain Spectroscopy, TDS) werden ähnliche Techniken, die sich vor allem durch den genutzten Laser von der TDS unterscheiden, diskutiert.

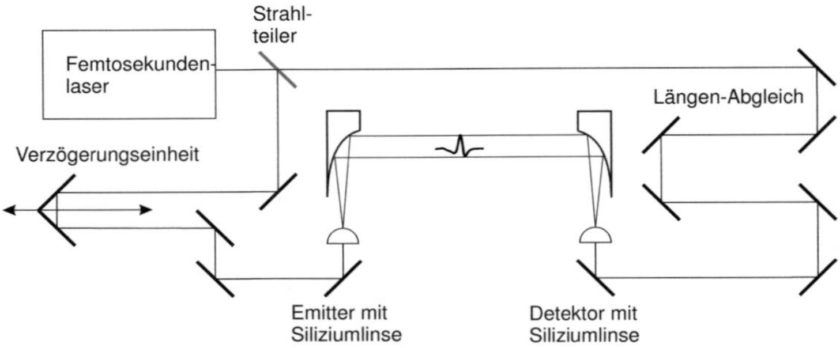

Abbildung 2.2: Schemazeichnung eines Terahertz-TDS. Weitere Möglichkeiten zur Strahlführung werden in Kapitel 2.5.2 vorgestellt.

2.4.1 Zeitbereichsspektroskopie

Die Terahertzzeitbereichsspektroskopie ist über 20 Jahre nach ihrer Entdeckung das Mittel der Wahl für Messungen im Frequenzbereich zwischen 200 GHz und 4 THz. Abbildung 2.2 zeigt den klassischen Aufbau eines gepulsten Terahertz-TDS mit Freistrahl-Laserpfaden. Die für diese Studie genutzten Systeme werden in Kapitel 4 ab Seite 45 ausführlich beschrieben.

Die Erzeugung von Terahertzstrahlung erfolgt durch die optische Schaltung einer elektrisch vorgespannten Antennenstruktur. Ein Femtosekundenpuls erzeugt kurzzeitig Ladungsträger in einem Halbeiter mit kurzen Ladungsträgerlebensdauern (z.B. LT-GaAs für die Erzeugung um 800 nm Anregungswellenlänge). Den Aufbau der Antenne zeigt Abbildung 2.1. Durch die Vorspannung werden die Elektronen zur Anode hin bewegt und erzeugen so einen elektromagnetischen Puls im Terahertzbereich. Aufgrund ihrer geringen Beweglichkeit spielen Löcher praktisch keine Rolle in diesem Prozess. Eine erste Modellierung dieser Vorgänge wurde von Jepsen et al. vorgestellt [26]. Die Möglichkeiten, diese Welle zu führen werden im Kapitel 2.5.2 beschrieben.

Nach dem Durchlaufen des Terahertzpfades und ggf. einer Probe wird das Signal wieder abgetastet. Da eine rein elektronische Detektion im Terahertzbereich nicht möglich ist, wird das Signal stückweise abgetastet. Hier wird ausgenutzt, dass der Laserpuls zeitlich deutlich kürzer ist als der von ihm erzeugte Terahertzpuls. Als Detektor kann eine optisch schaltbare Antenne genutzt werden, auf der die eintreffenden Terahertzpulse abgetastet werden, s. Abb. 2.3. Die Wiederholrate von gepulsten Lasern liegt üblicherweise im Bereich von 80 bis 100 MHz. Somit kann man davon ausgehen, dass das Signal durch den trägen nachgeschalteten Verstärker zu einem Gleichsignal verschmiert wird.

Der Strom, der durch den einfallenden Puls in der Antenne erzeugt wird, ist proportional zum elektrischen Feld. Da er im Pico- bis Nanoamperebereich liegt, empfiehlt sich die Filterung und Verstärkung mit einem Lock-In-Verstärker, bevor das Signal über einen

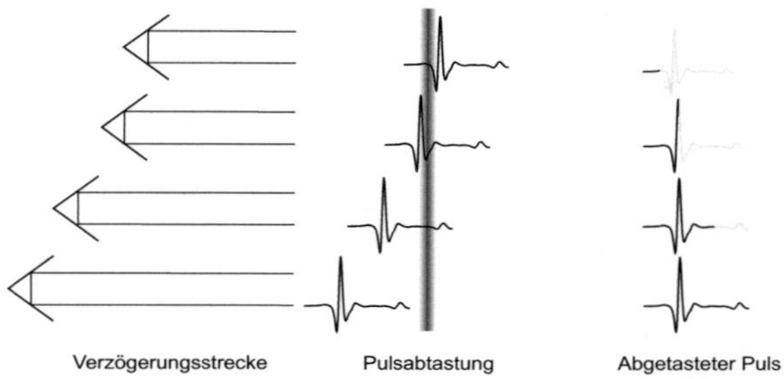

Abbildung 2.3: Funktionsweise der Abtastung bei der Terahertz TDS. Durch die Verzögerung des anregenden Laserstrahls am Emitter wird das Terahertzsignal am Detektor kontinuierlich abgetastet.

D/A-Wandler in den Steuerrechner eingelesen, weiterverarbeitet und abgespeichert wird. Hierfür wird üblicherweise die Vorspannung der Emitterantenne und damit das Terahertzsignal mit einer Frequenz von einigen Kilohertz moduliert.

Damit die Abtastung funktioniert, muss die Laufzeit im Detektorarm der im Emitterarm zuzüglich dem Terahertzpfad entsprechen, $\tau_{\mathrm{Det}} = \tau_{\mathrm{Em}} + \tau_{\mathrm{THz}}$. Dies wird durch eine Längenanpassung sichergestellt. Diese kann im Terahertzpfad oder auch, wie hier gezeigt, im optischen Pfad geschehen. Für flexible Systeme mit wechselnder optischer Länge des Terahertzpfades kann auch eine zweite Verzögerungseinheit eingebaut werden.

Eine wichtige Kenngröße für ein TDS ist das Signal zu Rauschverhältnis (SNR) des Systems ohne Probe. In [27] werden die verschiedenen Ansätze zur Bestimmung des SNR diskutiert. Abbildung 2.4 illustriert am Beispiel einer Messung der Messreihe aus Kapitel 4.1.4 die beiden sich anbietenden Ansätze.

Am verbreitetsten ist die Angabe des SNR im Frequenzbereich, wo der SNR als der Leistungsabstand zwischen der stärksten Frequenzkomponente und dem Rauschlevel, definiert als den Durchschnitt des Signals jenseits der Bandbreite des Systems (Abb. 2.4 (b)), definiert ist. Für Datenauswertungen im Zeitbereich, wie sie z.B. in Kapitel 5.2 gezeigt sind, ist eine Definition im Zeitbereich sinnvoller. Hier bietet es sich an, vor dem Terahertzpuls ein Signal aufzunehmen, um aus dem Abstand zwischen dem Effektivwert dieses Bereiches und der Maximalamplitude den Zeitbereichs-SNR zu bestimmen. Offensichtlich ist der Zeitbereichs-SNR deutlich größer als der Frequenzbereichs-SNR. Das erklärt sich dadurch, dass hier das Nutzsignal über den gesamten Frequenzbereich betrachtet wird und nicht nur bei einer einzelnen Frequenz.

Für das in Abbildung 2.4 gezeigte Beispiel eines mit einer hohen Datenrate aufgenommenen Pulses beträgt der Frequenzbereichs-SNR ca. 30 dB, der Zeitbereichs-SNR 40 dB.

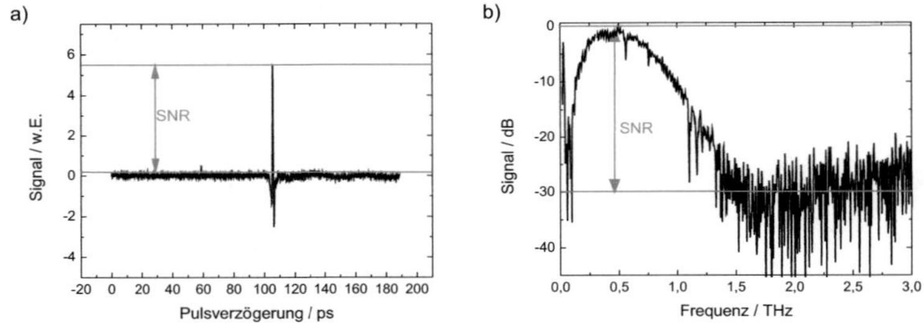

Abbildung 2.4: Bestimmung des SNR im Zeitbereich (a) und Frequenzbereich (b). Das Signal wurde mit einer hohen Aufnahmefrequenz ohne Mittelung aufgenommen, durch eine entsprechende Mittelung kann das System ein SNR von 60 dB liefern.

2.4.2 cw-Terahertzspektroskopie

Im Gegensatz zum TDS-System erzeugt das cw-THz-System nur sehr schmalbandige Strahlung. Für die elektro-optische cw-Erzeugung werden die Strahlen von zwei frequenzstabilisierten Laserdioden in den Antennen überlagert [28]. Abgesehen davon ist der typische Aufbau eines cw-Systems identisch mit dem eines gepulsten Systems. Die Differenzfrequenz der Laserfrequenzen moduliert die Leitfähigkeit der Antenne und damit den Stromfluss durch diese. Somit kommt es zu einer Abstrahlung im Terahertzfrequenzbereich.

Durch ein Verstimmen der Laserfrequenzen zueinander, z.B. durch die Temperatur der Lasermodule, wird auch die Terahertzfrequenz verstimmt. Das Spektrum, das so entsteht, hat eine bessere Frequenzauflösung und -schärfe als das Spektrum eines Zeitbereichs-Spektrometers. Kommerziell erhältliche Systeme können breitbandig bis weit über 1 THz verstimmt werden, der limitierende Faktor ist hier die Durchstimmbarkeit der Laserdioden.

Ein cw-System mit einer festen Frequenz kann, abhängig von der eingesetzten Verzögerungseinheit (s.u.), sehr schnell sein. Allerdings gibt es bei der Auswertung der Phase zur Bestimmung der Dicke bzw. des Brechungsindex eine 2π-Uneindeutigkeit, d.h. für die Auswertung muss man den zu berechnenden Wert mit einer gewissen Genauigkeit kennen oder abschätzen können. Für eine Frequenz von f = 300 GHz und eine Probe mit dem Brechungsindex 1,6 (ein typischer Wert für Kunststoffe) muss die Dicke der Probe auf $\lambda = \frac{c}{n \cdot f}$ = 625 µm genau bekannt sein. Bei durchstimmbaren Systemen oder Systemen, die mit 3 Lasern aufgebaut sind, kann man durch eine real existierende oder künstliche Schwebung des Terahertzsignals diese Ungenauigkeit auflösen [29].

Die durch ihre Mechanik anfällige und relativ langsame Verzögerungseinheit kann durch verschiedene alternative Ansätze ersetzt werden. Neben dem Faserstretcher ([30], in Kapitel 4.1.3 genauer beschrieben) bieten sich Phasenmodulatoren [31] oder die gezielte Verstimmung der Laser zueinander an [32].

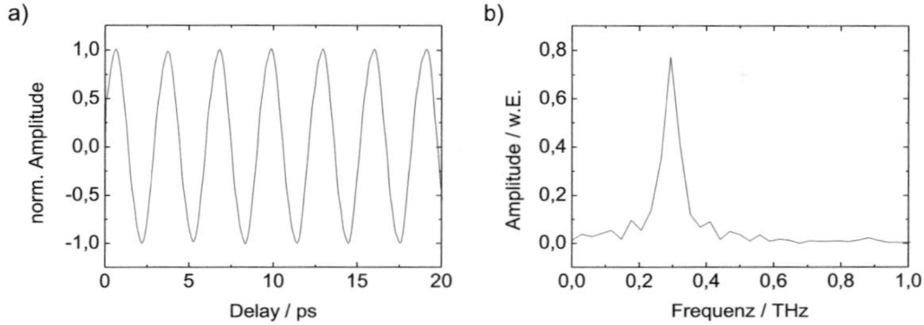

Abbildung 2.5: Zeitsignal (a) und Spektrum (b) eines cw-THz-Systems bei 300 GHz. Der SNR beträgt ca. 35 dB, die Linienbreite aufgrund der kostengünstigen, nicht aktiv auf eine Wellenlänge stabilisierten Laser unter 30 GHz. Zusätzlich sind die ungeraden Frequenzvielfache im Mischprodukt enthalten.

Ein gutes Signal ist bei cw-Systemen noch stärker von der Qualität des Antennensubstrates des Detektors abhängig als dies bei gepulsten Systemen der Fall ist. Bei einem Material mit langen Ladungsträgerlebensdauern wird die schnelle Modulation der Leitfähigkeit derartig verschmiert, dass kein brauchbares Signal entsteht.

Die scharfen Linien prädestinieren cw-Syteme für die Gasspektroskopie [33] und die Charakterisierung von Bauteilen und Antennen [34].

In der Vergangenheit wurden cw-Systeme auch genutzt, weil sie im Vergleich zu TDS-Systemen kostengünstig, kompakt und durch die genutzten Diodenlaser weniger anfällig waren. Durch den technischen Fortschritt in der faserbasierten Kurzpulslasertechnik haben gepulste Systeme jedoch in diesen Punkten deutlich aufgeholt. Die Kostenersparnis ist momentan kein Argument mehr für den Einsatz von cw-Systemen.

Abbildung 2.5 zeigt beispielhaft das Signal eines cw-Systems. Durch die passive Frequenzstabilisierung (gitterstabilisiert nach Littrow) ist die Linienbreite mit knapp 30 GHz FWHM (Full Width Half Maximum) relativ breit, Mit einer aktiven Laserstabilisierung sind Breiten im Bereich von 1 MHz erreichbar [35]. Das SNR von 35 dB wurde im Frequenzbereich bestimmt. Das Rauschlevel wurde hierbei im Frequenzbereich oberhalb des Signals festgelegt.

2.4.3 Quasi-Zeitbereichsspektroskopie

Einen großen Anteil am hohen Preis für ein TDS nimmt der gepulste Laser ein. Trotz der rasanten Entwicklung und Verbreitung dieser Laser und der damit verbundenen Preisentwicklung der letzten Jahre, werden diese Laser in absehbarer Zeit nicht unter 10 000 € verfügbar sein. Die für die cw-Terahertzspektroskopie benötigten Diodenlaserpaare sind nicht deutlich günstiger und man muss mit den in Kapitel 2.4.2 beschriebenen Einschränkungen leben.

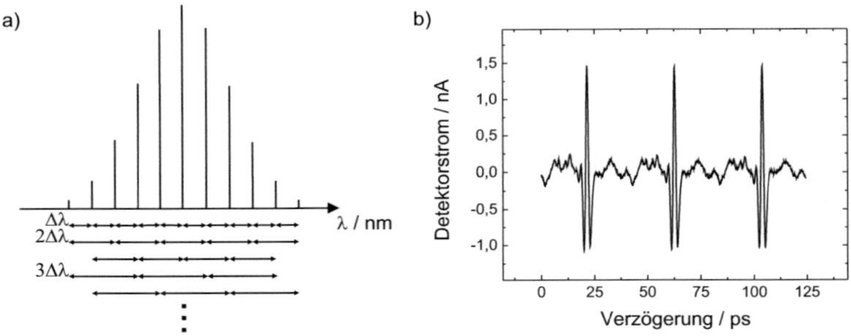

Abbildung 2.6: (a) Prinzip der Modenmischung bei QTDS (b) Resultierendes Signal eines QTDS-Systems mit 100 μm langen Dipolantennen.

Für die Quasi-Zeitbereichsspektroskopie (QTDS) werden mehrmodige Laserdioden mit möglichst vielen Moden genutzt [36]. Die einzelnen Moden der Diode mischen untereinander, wie in Abb. 2.6 (a) veranschaulicht ist. Je breiter das Spektrum der Multimode-Laserdioden ist, desto näher kommt der entstehende Puls an den bekannten Puls eines TDS-Systems heran. Die geringe Peakleistung ist für ein SNR von momentan max. 40 dB verantwortlich. Ein gutes TDS liefert zum Vergleich 70 dB, aufgrund der deutlich geringeren Kosten kann man diese Einschränkung der QTDS-Technologie bei vielen Anwendungen verkraften.

Verglichen mit einem cw-Terahertzsystem hat das QTDS den entscheidenden Vorteil, dass die 2π-Periodizität des Signals aufgelöst ist. Außerdem liefert die Messung breitbandige Spektroskopiedaten, allerdings auf Kosten der Linienschärfe, die ein cw-System bietet. Auch sind die meisten sehr schnellen alternativen Verzögerungskonzepte, die sich für cw-Systeme anbieten, nicht für QTDS-Systeme einsetzbar.

Die größten Vorteile des QTDS dürfte der Preis, die kompakte Bauform und die Robustheit der einfach aufgebauten Dioden sein. Durch den niedrigen Preis des Systems werden neue Anwendungsfelder eröffnet, die beim aktuellen Preis eines TDS-Systems nicht denkbar sind. Für Labormessungen in Referenzqualität wird auch in Zukunft ein vollwertiges Zeitbereichs-Spektrometer mit einem Femtosekundenlaser unumgänglich sein.

2.4.4 Elektro-optisches Sampling

Ein Labor-TDS (s. Kapitel 2.4) wird gerne mit der elektro-optischen Samplingmethode (EOS) kombiniert, um eine bessere Detektion im Bereich hoher Frequenzen zu erhalten [37]. Hier wird ein geeigneter Kristall, z.B. Lithium-Niobat (Li:Nb) oder Zink-Tellorid (ZnTe), genutzt. Die doppelbrechenden Eigenschaften des Li:Nb hängen unter anderem

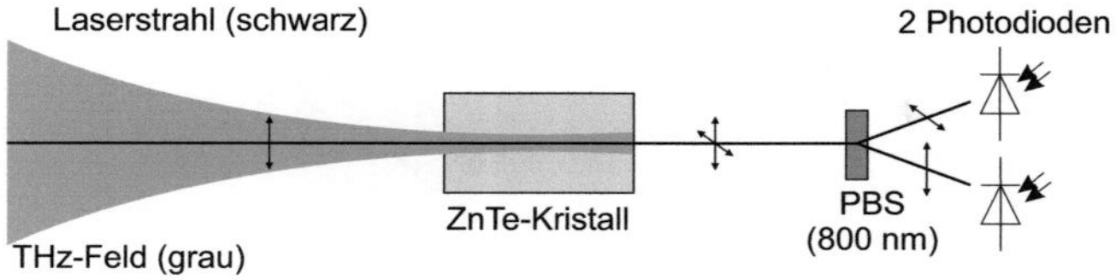

Abbildung 2.7: Prinzip des elektro-optischen Samplings. Das Terahertzfeld (grau) moduliert die Doppelbrechung des Li:Nb-Kristalls für den 800 nm-Laserstrahl (schwarz). Die Polarisationen (als Pfeile am Laserstrahl dargestellt) werden im polarisierenden Strahlteiler (PBS) aufgeteilt und mit getrennten Photodioden aufgenommen.

vom E-Feld im Kristall ab, also kann auch ein einfallender THz-Strahl die Doppelbrechung für einen Laserstrahl bei 800 nm verändern und so seine Polarisation beeinflussen. Mit einem polarisationsabhängigen Strahlteiler und 2 Photodioden kann dieser Effekt gemessen werden. Im Vergleich zu einer Detektorantenne, wie sie in Kap. 2.4.1 vorgestellt wird, ist dieser Detektor auch bei höheren Frequenzen nutzbar. Die Dicke des Kristalls schränkt die detektierbare Bandbreite ein. Der Mischvorgang kann auch für die Erzeugung breitbandiger Terahertzstrahlung genutzt werden [38].

2.5 Quasioptische Komponenten

Je komplexer eine Messaufgabe im Terahertzbereich ist, desto aufwendiger wird die Strahlführung. Unabhängig von Quelle und Detektor werden Parabolspiegel oder Linsen zur Fokussierung und Kollimierung genutzt. Während Parabolspiegel bessere Messungen und höhere Signalpegel ermöglichen, sind Linsen preislich ungeschlagen und erlauben kompaktere und komplexere Aufbauten als Parabolspiegel.

2.5.1 Parabolspiegel

Parabolspiegel aus ideal reflektierendem Metall können einen Strahl fokussieren, ohne durch die negativen Einflüsse von Linsenoptiken, nämlich Absorption oder Dispersion[i], aufzuweisen. Ebenfalls ist der optische Strahlengang identisch mit dem im Terahertzbereich. Somit kann eine Spiegeloptik sehr komfortabel mit einem Justierlaser vorjustiert werden.

Für die Kollimierung und Fokussierung von THz-Strahlung werden Off-Axis Parabolspiegel genutzt. Beschreiben lassen sich diese Spiegel als Ausschnitte eines großen Para-

[i] Um Verwechselungen mit dem Begriff Dispersion aus der Kunststofftechnik, also dem Vermischungsgrad einer Materialmischung, zu vermeiden, wird diese in dieser Arbeit als Dispergierung bezeichnet. Der Begriff Dispersion bezieht sich hier grundsätzlich auf die optische Dispersion.

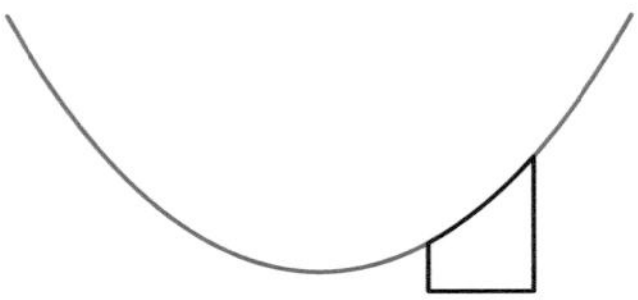

Abbildung 2.8: Der Off-Axis-Parabolspiegel (schwarz) als Ausschnitt einer großen Parabel (grau).

bolspiegels (s. Abb. 2.8). Sie spiegeln den einfallenden Strahl in einem Winkel von 90° und fokussieren oder kollimieren ihn durch ihre Parabelform.

Parabolspiegel werden in Laboraufbauten sehr gerne eingesetzt, weil die meisten Linsenmaterialien bei spätestens 3 THz stark absorbieren und somit im hohen Terahertzbereich nur bedingt einsetzbar sind. Die Abbildungsqualität von Parabolspiegeln ist theoretisch deutlich besser als die von Linsen, sie lassen sich allerdings weniger intuitiv positionieren.

Die großen Nachteile von Spiegeln sind, dass sie zwingend eine Umlenkung des Strahles hervorheben, was viele Konstruktionen deutlich erschwert. Ebenfalls sind sie relativ groß und lassen sich nur mit vergleichsweise großen Fokuslängen bauen. Ein 2 Zoll großer Spiegel mit einer Brennweite von 3 Zoll (ca. 75 mm) ist die kleinste verfügbare Standard-Größe, im Vergleich sind 2-Zoll-Linsen mit 60 mm Fokuslänge standardmäßig verfügbar. Außerdem sind sie im Vergleich zu Linsen kompliziert zu fertigen und damit deutlich teurer.

2.5.2 Linsen

In optischen Systemen spielen Fokussierspiegel nur eine untergeordnete Rolle. Sie sind für viele Anwendungen zu teuer und lassen sich bei weitem nicht so kompakt verbauen wie Linsen. Auch im Terahertzbereich gibt es beide Möglichkeiten zur Strahlformung, je nach Aufgabe können beide sinnvoll genutzt werden. Insbesondere bei komplexeren Aufbauten oder kostensensiblen Anwendungen haben Linsen ihre Daseinsberechtigung.

Neben Gläsern, die schwer zu bearbeiten und teuer sind, können diverse Kunststoffe als Grundmaterial für Terahertzlinsen verwendet werden. Hochdichtes Polyethylen (HDPE), Polypropylen (PP) oder Polytetrafluorethylen (PTFE, bekannt unter dem Handelsnamen Teflon) sind mit ihrer geringen Absorption und einem flachen Brechungsindexverlauf (Abb. 2.9) prädestiniert für THz-Optiken. Zudem lassen sie sich mittels spanender Herstellungsverfahren (Fräsen und Drehen) preisgünstig auch in kleinen Mengen verarbeiten oder als Druckguss in großen Serien fertigen. Als Zwischenschritt zwischen der Einzelfertigung mit einer Drehmaschine und der Großserienfertigung können Mikropulver unter hohem Druck zu stabilen Linsen gepresst werden [39]. HDPE ist als Kunststoff relativ kostengünstig und wird unter anderem in der Herstellung von Einkaufstüten, Lebensmittelverpackungen und Getränkeflaschen genutzt. Da HDPE sehr leicht zu bearbeiten ist, wurden für die meisten der folgenden Experimente Linsen aus HDPE genutzt.

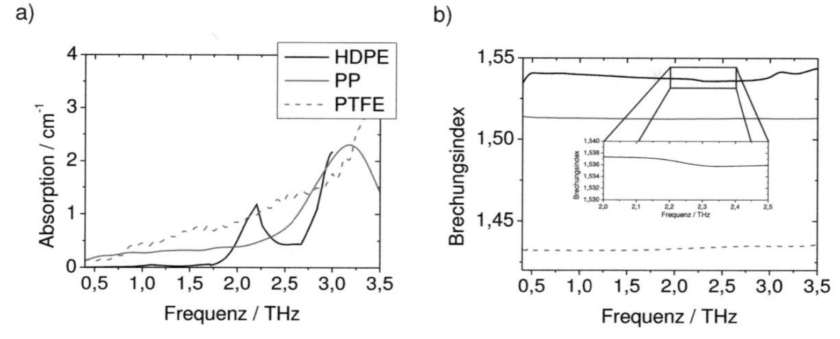

Abbildung 2.9: a) Absorption und b) Brechungsindex von Materialien, die für die Herstellung von Terahertzlinsen genutzt werden. Der Ausschnitt in 2.9 b) zeigt den Brechungsindex von HDPE um 2,2 THz. Der Sprung im Brechungsindex wird durch eine Vibrationsmode bei 2,2 THz hervorgehoben.

Ein vielversprechendes Material für Terahertz-Linsen ist TOPAS, ein Cyclo-Olefin Copolymer. Die Tatsache, dass TOPAS auch optisch transparent ist und der Brechungsindex im optischen dem THz-Brechungsindex sehr ähnlich ist, erlaubt die bequeme optische Vorjustage eines Terahertzaufbaus. Im Vergleich zu HDPE ist TOPAS relativ teuer und lässt sich nur im Druckgussverfahren formen. Somit ist die kostengünstige Fertigung von Einzelstücken und Prototypen nicht möglich, in großen Mengen ist der Preisunterschied zu HDPE oder PTFE vernachlässigbar.

Aufgrund der Größe der Terahertzlinsen sollten asphärische Linsen genutzt werden, da durch die Ausnutzung der gesamten Linsenfläche und dem ungünstigen Verhältnis von Linsenkrümmung und -durchmesser sonst eine starke sphärische Abberation auftritt [40].

Auch eine Asphäre unterliegt einer chromatischen Abberation, also einem Abbildungsfehler aufgrund von Brechzahlunterschieden in der Linse bei verschiedenen Wellenlängen. Hiergegen hilft primär die Nutzung eines möglichst gering dispersiven Materials. Nutzt man PTFE als Linsenmaterial, so ergibt sich für eine sphärische Linse nach der Linsenschleiferformel zwischen 350 GHz und 2,5 THz ein Unterschied in der Brennweite von

$$\Delta f = \frac{n_{0,35\,THz} - 1}{n_{2,5\,THz} - 1} = \frac{1,43279 - 1}{1,43445 - 1} = 0,38\%,$$

der im allgemeinen vernachlässigbar ist. Bei HDPE liegt dieser Unterschied bei 0,63% und selbst beim Absorptionsmaximum um 3,1 THz liegt die Brennweite lediglich 1,6% über der kleinsten Brennweite. Anschaulich sind die Brennpunkte für die beiden Frequenzen bei einer Fokussierlinse mit 60 mm Brennweite bei einer PTFE-Linse um 0,228 mm versetzt.

Die Absorption im Material ist bei Frequenzen unter 2 THz relativ gering. Je nach Material gibt es bei höheren Frequenzen störende Absorptionen. Bei HDPE sieht man eine charakteristische Absorption bei 2,2 THz (s. Abb. 2.9 (b)). Um oberhalb dieser Frequenz weitermessen zu können, braucht man ein gutes SNR im System und eine schwach absorbierende Probe. Auch Reflexionsverluste an den Linsengrenzflächen tragen zur Signalverminderung bei. Die Transmission durch eine Grenzfläche bei einer Linse aus HDPE beträgt

$$t_n = \frac{2\,n_{Luft}}{n_{Luft} + n_{Linse}} = 79\%.$$

Bei einem System aus 4 Linsen, also 8 Grenzflächen, wird nur eine Transmission von gerade mal

$$t_{ges} = r_n^8 = 14,3\%$$

erreicht.

Problematisch ist bei allen Quasioptiken im Terahertzbereich die physikalische Abmessung. Übliche Optiksimulationen gehen von der Näherung aus, dass alle Abmessungen groß gegenüber der Wellenlänge sind. Hierbei ist zu bedenken, dass eine Linse mit einem Druchmesser von 1 Zoll (25,4 mm) nur der 25fachen Wellenlänge bei 300 GHz entspricht. Bei gleicher Größe ist eine Linse bei einer Wellenlänge von 800 nm ist bereits ca. 31 000mal größer als die Wellenlänge. Dennoch haben Rasierklingenmessungen des öfteren gezeigt, dass die Linsen in der Lage sind, einen Fokus (definiert als einen Abfall der Intensität um die Hälfte) im Bereich der zweifachen Wellenlänge zu erzeugen, das entspricht bei einer Frequenz von 300 GHz 2 mm.

Mit einer entsprechenden optischen Simulation lassen sich auch kompliziertere optische Aufbauten realisieren, zum Beispiel $f - \vartheta$-Linsen, deren Fokus sich durch den Einfallspunkt direkt verschieben lässt und so schnelle Scans über einer Probe ermöglichen [41].

2.6 Terahertz-Nahfeldmessungen

Bedingt durch die Abbe'sche Abbildungsgrenze $d \approx \frac{\lambda}{2\,NA}$ [42] lassen sich elektromagnetische Wellen abhängig vom Öffnungswinkel der abbildenden Optik (zusammen mit dem Brechungsindex des Mediums ergibt sich die numerische Apertur) im besten Fall auf die einfache Wellenlänge, im Terahertzbereich also nicht kleiner als einige hundert Mikrometer fokussieren. Viele bildgebende Messaufgaben verlangen jedoch eine bessere Ortsauflösung. Das Abbe-Limit lässt sich mit Nahfeldsonden umgehen. Hierfür muss in direkter Nähe zum Messobjekt eine Störung in der Feldverteilung eingebracht werden. Von den verbreitetsten Konzepten für eine Nahfeldsonde werden an dieser Stelle zwei Ansätze vorgestellt: die Abschattung des Nahfeldes auf einem Si-Wafer [43] und die Konzentration des elektromagnetischen Feldes durch eine Nahfeldsonde [44].

Terahertzmessungen zeigen im Bereich der Halbleitermesstechnik sehr interessante Ansätze für die Bestimmung von Ladungsträgerverteilungen [45]. Die stark begrenzte Auflösung der THz-TDS schränkt die Einsatzmöglichkeiten stark ein und macht Nahfeldsensoren, z.B. zur zerstörungsfreien Vermessung von Halbleiterbauelementen mit einer hohen Tiefenauflösung sehr interessant [46], [47].

Der zweite Ansatz wird im weiteren Verlauf in Kapitel 5.2.1 in einer leichten Abwandlung [48] zur Darstellung von Kohlenstoffpartikeln genutzt.

2.6.1 Nahfeld-Imaging mit einer dynamischen Apertur

Der erste Ansatz für bildgebende Nahfeldmessungen basiert auf der kontrollierten Abschattung kleiner Bildbereiche [43]. Hierzu wird ein Halbleiter, üblicherweise Silizium, in direkten Kontakt mit der zu vermessenden Probe gebracht. Probe und Halbleiter werden mit einem Terahertzstrahl durchleuchtet. Durch die punktuelle Beleuchtung mit einem Laserstrahl werden im Halbleiter lokal Ladungsträger erzeugt, die die Absorption des Materials erhöhen. so wird ein kleiner Bereich der Probe mit einem Durchmesser von ca. 50 µm für die Terahertzstrahlung intransparent. Mit einem entsprechenden Algorithmus zur Bilderzeugung lässt sich ein Amplitudenbild generieren, dessen Auflösung in der Größenordnung des Laserfokus liegt.

Somit kann zum Beispiel das Modenprofil von Terahertzfasern bestimmmt werden, indem das Ende der Faser an einen dünnen Si-Wafer gepresst wird. Die aus der Faser austretende Terahertzstrahlung wird entsprechend abgerastert und bildlich dargestellt [49]. Da die Signalstärke hierbei sehr schwach ist, sollte ein Lock-In-Verstärker genutzt werden. Es bietet sich an, die notwendige Amplitudenmodulation über die Beleuchtung des Halbleiters einzubringen, wodurch gleichzeitig die Referenz für jeden Pixel gegeben ist.

Um ein scharfes, hochaufgelöstes Bild zu erhalten, sollte der Wafer möglichst dünn sein und durch eine geringe Ladungsträgerbeweglichkeit und -lebensdauer eine scharfe Abbildung des Laserstrahls erzeugen. Nur so können die angeregten Ladungsträger eine kleine Abschattung erzeugen.

Der große Vorteil dieses Ansatzes ist, dass man mit geringem technischen Aufwand den direkten Kontakt zwischen Objekt und Nahfeldsonde (=Wafer) herstellen kann, da diese nicht gegeneinander bewegt werden müssen. Die Probe wird mit dem Laserstrahl abgerastert.

2.6.2 Feldkonzentration mittels Nahfeldsonden

Der historisch zuerst verwirklichte Ansatz für ein Terahertz-Nahfeldmikroskop basiert auf der Idee des optischen Nahfeldmikroskopes (SNOM, Scanning Nearfield Optical Microscope[ii], 1984 als optisches Stethoskop erstmals für optische Wellenlängen demonstriert [50]). Bei einem optischen SNOM wird die Lichtquelle, üblicherweise das besonders feine Ende einer Glasfaser, in die direkte Nähe der Probe gebracht und rastert diese ab. Solange

[ii]In einigen Quellen auch als Abkürzung für Scattering Nearfield Optical Microscope erklärt.

das Objekt im Nahfeld der Apertur liegt, kann ein Bereich der Probe beleuchtet und damit abgebildet werden, der kleiner als die Wellenlänge ist.

In [44] werden vorne zulaufende Metallrohre mit Durchmessern zwischen 50 und 100 µm als Nahfeldsonden genutzt, um im Terahertzbereich Testmuster in der Größenordnung von $\frac{\lambda}{4}$ darzustellen. Das Objekt wird entlang der Sonde gescannt, hierbei sollte ein Mindestabstand von einigen Mikrometern eingehalten werden.

Eine sehr elegante Variation dieses Ansatzes ist die Nutzung einer einfachen Metallspitze, die als Nahfeldsonde für eine lokale Feldüberhöhung sorgt [51]. Als Spitze kann zum Beispiel die Nadel eines Rasterkraftmikroskopes (Atomic Force Microscope, AFM) genutzt werden [48], wodurch auch bei relativ unebenen Proben ein konstanter Abstand zwischen Nahfeldsonde und Probe sichergestellt ist. Die Tappingfunktion des AFM sorgt instantan für eine Referenzierung der Streuung ohne Nahfeldsonde, das mitgelieferte AFM-Bild unterstützt das Verständnis der Daten. Bei einer typischen Tappingrate von 35 kHz wird ein schneller Detektor benötigt, z.B. ein Hot Electron Bolometer.

2.7 Anwendungsfelder der Terahertzspektroskopie

Um ein Gefühl für die Möglichkeiten und Grenzen der industriellen Anwendungsfelder der Terahertzspektroskopie zu erhalten empfiehlt es sich, einen Überblick über bisher demonstrierte Anwendungen der Technologie zu erhalten. Auf den folgenden Seiten sollen exemplarisch einige Bereiche vorgestellt werden, in denen die THz-Spektroskopie sich als sinnvoll erwiesen hat.

2.7.1 Polymermesstechnik

Vor allem aufgrund der chemischen Ähnlichkeit zwischen Polymeren und Elastomeren lohnt sich ein Blick auf dieses verwandte Forschungsgebiet. Die chemischen Eigenschaften und Verarbeitungstechniken der beiden Materialfamilien sind sehr ähnlich.

In Kapitel 2.5.2 werden Materialien für die Linsenherstellung vorgestellt. Die genannten Kunststoffe (HDPE, PP, PTFE, TOPAS) sind allesamt unterhalb von 2 THz nur sehr schwach absorbierend. Andere Kunststoffe absorbieren bereits bei sehr geringen Frequenzen praktisch das gesamte Signal. Der Unterschied ist die Polarität der Moleküle. Je höher die Polarität der Moleküle ist, desto stärker absorbiert das Material (s. Kap. 5.3).

HDPE zeigt bei ca. 2,2 THz eine erhöhte Absorption in der sonst flach verlaufenden Absorptionskurve, die auf eine molekulare Eigenschwingung hinweist. Das zeigt, warum die Terahertzspektroskopie für die Polymerchemie so interessant ist: viele Materialien zeigen charakteristische Molekülschwingungen in diesem Frequenzbereich.

Eine wichtige Eigenschaft von Polymeren und Elastomeren ist der Glasübergang. Die Glasübergangstemperatur T_g definiert den Punkt, an dem ein Material von einer spröden, kristallinen Phase in eine weiche Phase übergeht. Mit der augenscheinlichen Änderung der physikalischen Eigenschaft ändert sich auch die Wärmekapazität und das Verhältnis von

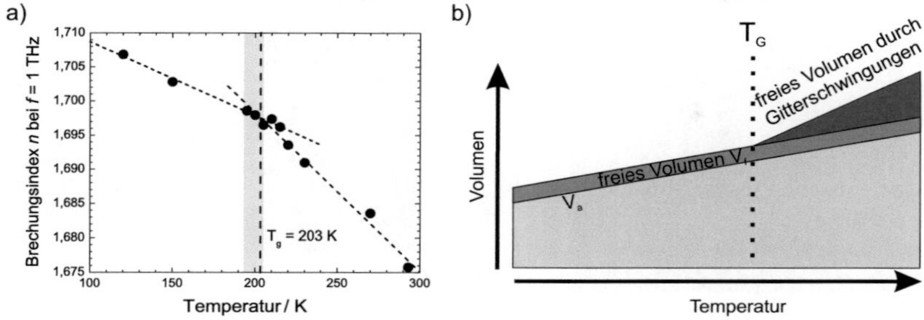

Abbildung 2.10: Der Glasübergang von Polymeren aus [52]: (a) Terahertzmessung des Glasübergangs an POM, man sieht den Glasübergang am deutlichen Knick im Verhältnis von Temperatur und Brechungsindex, (b) theoretisches Modell des freien Volumens.

Temperatur und Dichte (s. Abb. 2.10). Meist wird der Glasübergang mittels DSC (Differential Scanning Calomertry) bestimmt. Wie alle anderen Verfahren auch, hat die DSC ihre Nachteile. Sie funktioniert nicht bei allen Materialien zuverlässig. Ausserdem hat die Atmosphäre, also die umgebenden Gase und der Druck Einfluss auf die Glasübergangstemperatur. Diesbezügliche Fragestellungen, z.B. der Glasübergang für Hochdruckleitungen und -behälter lassen sich mit der DSC nicht eindeutig beantworten.

Hier kann die THz-Spektroskopie Vorteile bieten. Sie zeigt den Glasübergang für Materialien, bei denen die DSC scheitert, z.B. für semikristallines Poly(oxymethylen), POM (Abb. 2.10 (a)) [52].

Der deutliche Sprung im Brechzahl-Temperatur-Verhältnis bei der Glasübergangstemperatur (bei POM ca. 200 K) lässt sich mit dem zusätzlichen Auftreten von Molekülschwingungen bei dieser Temperatur erklären. Unterhalb von $\mathrm{T_G}$ wird das Volumen des Materials durch das Atomvolumen $\mathrm{V_a}$ und das freie Volumen zwischen den Atomen bestimmt. Das freie Volumen steigt mit der Temperatur, da die Atomschwingungen zunehmen (das Material dehnt sich aus). Durch die höhere Temperatur setzen Vibrationsschwingungen im Molekül ein, die zusätzliches freies Volumen belegen, $\frac{\partial V}{\partial T}$ steigt.

Von hohem Interesse, aber auch technisch aufwendig, ist die Bauteilprüfung. Insbesondere bei sicherheitsrelevanten Komponenten, die eine 100 %-Prüfquote benötigen, z.B. einigen Kunststoffbauteilen in der Luftfahrttechnik, besteht ein großer Bedarf an neuen Messtechniken. Terahertz-Spektrometer wurden in den letzten Jahren erfolgreich zur Prüfung von Hitzeschilden für das Space Shuttle eingesetzt [53].

Die meisten Fragestellungen in diesem Gebiet verlangen bildgebende Messungen, die bis heute sehr zeitaufwendig oder mit für eine großindustrielle Nutzung unzumutbar hohem technischen Aufwand verbunden sind. Dennoch werden hier auch technisch noch nicht im großen Maßstab umsetzbare Ansätze vorgestellt, die erst mit einigem Fortschritt nutzbar werden können.

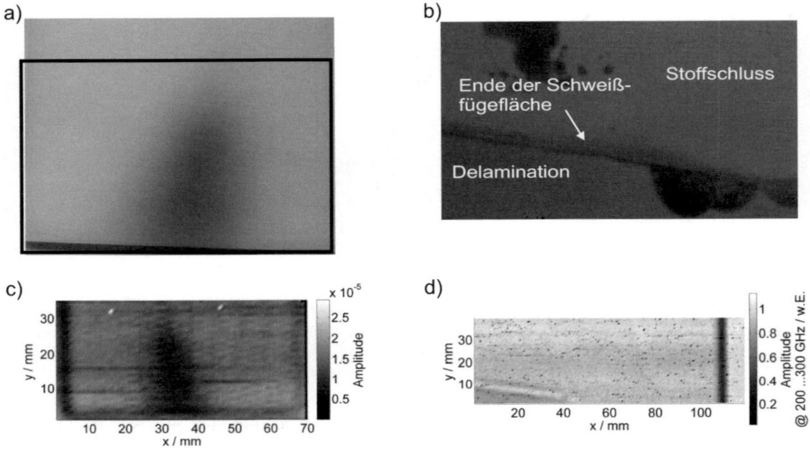

Abbildung 2.11: Beispiele der Bauteilprüfung mittels THz-Spektroskopie: ein PE-Teil mit eingeschlossenen Metallpartikeln als Foto (a) und bildgebende cw-Terahertzmessung bei 300 GHz (c), fehlerhaft verschweißte Kunststoffplatten, Foto (b) und THz-Image der integrierten Leistung bei 200 bis 300 GHz (d) aus [54].

Abbildung 2.11 zeigt verschiedene Szenarien der Bauteilprüfung: die Detektion von Einschlüssen (Metallspäne in HDPE (a) und (c)) und eine fehlerhafte Verschweißung von Kunststoffplatten ((b) und (d)). Letztere können durch die entstehenden Mehrfachreflexionen an den Grenzflächen sehr sensitiv detektiert werden [54]. Durch den Übergang Material - Luft - Material entstehen Reflexionen, die im perfekt verschweissten Material nicht vorhanden sind. Über die Form der entstehenden Fabry-Pérot-Reflexe können die Lage und Tiefe der Fehlstelle im Material bestimmt werden [55]. Mit derselben Technik können auch ungewünschte Luftblasen und -einschlüsse im Material oder andere Einschlüsse mit ausreichendem Brechzahlkontrast detektiert werden.

Glasfaserverstärkte Kunststoffe sind in vielen sicherheitsrelevanten Anwendungen zu finden. Sie werden unter anderem in Propellern für Hubschrauber und Windkraftwerke eingesetzt. Glasfaser-Materialien sind im Gegensatz zu Carbonfasern im Terhertzbereich deutlich transparenter. So kann man zerstörungsfrei den Anteil der Glasfasern am Gesamtmaterial bestimmen [56]. Durch den starken Unterschied im Brechungsindex zwischen den beiden Materialien werden die Stufen im Faservolumengehalt (die zunehmende Zahl der Fasermatten im Verbundmaterial) sauber erkannt (Abb. 2.12). Aufgrund der ausgeprägten

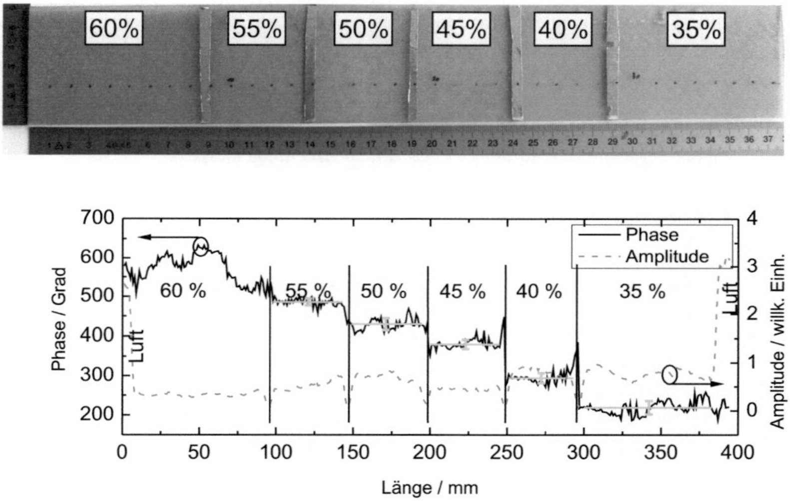

Abbildung 2.12: Der Faservolumengehalt eines glasfaserverstärkten Kunststoffes wirkt sich deutlich auf den Terahertz-Brechungsindex aus. Die Zahl der verarbeiteten Glasfasermatten steigt von rechts nach links an, was sich in einer steigenden Phase, also einem steigenden Brechungsindex zeigt, aus [56].

Anisotropie der glasfaserverstärkten Kunststoffe kann die Orientierung der Glasfaserbauteile bestimmt werden [57], [58].

Mehrere Gruppen arbeiten an neuen Ansätzen zur schnelleren Verzögerung der THz-Signale oder zur Parallelisierung der Emitter- und Detektorantennen [32], [59]–[62]. In Zukunft sind somit schnelle bildgebene gepulste THz-Systeme denkbar.

2.7.2 Vermessung der Eigenschaften von Mehrschichtsystemen

Die Eignung von Terahertzstrahlung, die Übergänge in Schichtsystemen zu erkennen wurde bereits im vorhergehenden Kapitel beschrieben. Die fehlerhaften Schweißnähte sind nichts anderes als ein Schichtsystem aus Material und Luft, das sich bei entsprechender Datenauswertung mit einem hohen Kontrast gegen das stoffschlüssige Material auszeichnet. Mit einem geeigneten Auswerteverfahren kann man auch bei Schichtsystemen, etwa Medikamenten, die mit einem Schutzmantel gegen Magensäure überzogen sind, die Dicke der einzelnen Schichten sehr genau bestimmen [63].

Ähnliches gilt auch für andere Schichtsyteme, etwa Kunststoffe oder Metalle mit Schutzlack, letztere müssen selbstverständlich in Reflexionsgeometrie vermessen werden. Auch technische Papiere und andere Materialien sind heutzutage Schichtsysteme. Bei einem entsprechenden Kontrast der Einzelkomponenten lässt sich das Gesamtmaterial auch bei Schichtdicken im Bereich von 100 µm untersuchen [36], [64]. Eine entsprechende Modellierung erlaubt sogar die Bestimmung der einzelnen Brechungsindizes.

2.7.3 Sicherheitstechnik

Die Sicherheitstechnik, hier insbesondere die Personenkontrolle, ist in einem ständigen Wettlauf gegen denjenigen, der versucht, sie zu unterlaufen. In der öffentlichen Diskussion sind insbesondere Kontrollen an Flughäfen ein wichtiges Thema. Durch die Einführung von Metalldetektoren als Reaktion auf die vermehrten Flugzeugentführungen in den 1960er-Jahren wurde das Mitführen von metallischen Waffen im Sicherheitsbereich deutlich erschwert. Indes sind viele Sprengstoffe sowie Messer mit Kunststoff- oder Keramikklingen für Metalldetektoren unsichtbar. Ein Röntgendetektor, wie er in der Gepäckkontrolle eingesetzt wird, kann diese zwar entdecken, allerdings muss das Bedienpersonal aufgrund des Gefahrenpotentials der Technik geschult sein und durch die ionisierende Wirkung sind Röntgenscanner nicht für die Personenkontrolle geeignet. In der Gepäckkontrolle sind sie aktuell das Mittel der Wahl.

Verschiedene Arbeitsgruppen und Hersteller von Terahertzsystemen haben die Möglichkeit demonstriert, eine ganze Reihe von Drogen, Sprengstoffen und anderen verbotenen Substanzen kontaktfrei zu erkennen [65]. Verpackungen wie Briefumschläge oder viele Kunststoffgefäße sind bei dieser Untersuchung kein Hindernis.

Das Gefahrenpotential bestimmter peroxidbasierter Flüssigsprengstoffe wie Tri-Aceton-Triperoxid (TATP) oder Hexamethylent-Tiperoxid-Diamin (HMTP) ist durch einen vereitelten Anschlag in Großbritannien 2006 der Allgemeinheit bekannt geworden. Bisher gibt es keinen in der Großserie einsetzbaren Sensor, der sie reproduzierbar erkennen kann. Das ist auch der Grund für die aktuellen Beschränkungen in der Flüssigkeitsmenge, die in Flugzeugen mitgeführt werden darf. Neben der geringen Akzeptanz der Maßnahmen bei den Passagieren kann ihre Sinnhaftigkeit angesichts der Sprengkraft weniger Liter eines geeingeten Sprengstoffes, also der Flüssigkeitsfreimenge von einigen Passagieren, bezweifelt werden.

Die Möglichkeiten der Terahertzspektroskopie, hier von Nutzen zu sein, ist groß. Die meisten Kunststoffe, aus denen Getränke- und Kosmetikflaschen hergestellt werden sind aus für THz-Strahlung transparenten Materialien wie HDPE. Ein Terahertzspektrometer mit einem entsprechenden Messkopf ermöglicht es, den Inhalt einer geschlossenen Flasche zu untersuchen [66]. Ein Gemisch aus Wasser und Alkohol kann innerhalb weniger Sekunden von anderen Materialien (Flüssigsprengstoffe oder brennbare Flüssigkeiten) unterschieden werden. Eine ganze Reihe als gefährlich bekannter Materialien kann konkret erkannt werden. Die meisten Kosmetika, flüssigen Medikamente und Getränke fallen hier unter Wasser-Alkohol-Gemische, weil ihre Hauptzutat meistens Wasser ist.

3 Chemische und Physikalische Grundlagen der Elastomertechnik

Umgangssprachlich unterscheidet man „Plastik“ und „Gummi“ dadurch, dass Plastik ein festes Material ist, Gummi hingegen flexibel und elastisch. Aus physikalischer Sicht ist der Hauptunterschied zwischen Duromeren, Thermoplasten und Elastomeren die Glasübergangstemperatur. Duromere werden bei Temperaturen über, Elastomere bei Temperaturen unter der Glasübergangstemperatur betrieben, Thermoplaste können bei leichten Einschränkungen auch über dem Glasübergang genutzt werden, PE etwa hat einen Glasübergang unterm Gefrierpunkt. Die positiven elastischen Eigenschaften des Elastomers sind also nur bis zu einer bestimmten Temperatur vorhanden. Unter dieser wird ein Elastomer ebenfalls spröde.

Für den Chemiker ist in der klassischen Betrachtung ein Kautschuk ein Polymer mit einer Doppelbindung in der Hauptgruppe, die die Vernetzung der Moleküle ermöglicht und ein Elastomer der vernetzte Kautschuk. Jedoch gibt es mehrere Materialien, die nach den anderen Definitionen und auch im täglichen Einsatz und der Umgangssprache der Elastomerchemiker unter die Elastomere fallen, z.B. Polyuretan und Silikone. In diesem Sinne versteht man Elastomere als eine Untergruppe der Polymere.

Naturkautschuk wird bereits seit vielen hundert Jahren genutzt. Kautschukbäume stammen aus Südamerika und wurden dort von indogenen Kulturen lange vor der Entdeckung Amerikas durch die Europäer genutzt. Sie stellten Schuhe und Spielzeug aus Naturlatex her. Die erste Erwähnung in der westlich-europäischen Wissenschaft erfährt der Kautschukbaum im 18. Jahrhundert [67]. Hier wird schon auf die einzigartigen Eigenschaften des Materials hingewiesen.

Der Siegeszug des Naturlatex begann durch die Entdeckung der 1844 zum Patent angemeldeten Vulkanisation durch Charles Goodyear im Jahr 1839 [68]. Erst die von Goodyear beschriebene Vernetzung des Materials (s. Kap. 3.2.2) führt zu einem Elastomer mit den bekannten technischen Eigenschaften. In dieser Zeit wurden auch die ersten Kautschukplantagen im gesamten tropischen Bereich, insbesondere in Indien, aufgebaut. Heutzutage wird Naturkautschuk weltweit in Equatornähe angebaut, neben Indien sind Thailand, Indonesien und Malaysia wichtige Produktionsstandorte für Naturlatex.

Der zweite wichtige Schritt zur industriellen Nutzung war die Entdeckung, dass der Zusatz von Ruß das Elastomer härter und abriebfester macht. Das entstandene Material wurde schnell für die Herstellung von Reifen genutzt. Zusammen mit dem rasenden Fortschritt der zu der Zeit aufkommenden Automobiltechnik wurde Naturkautschuk innerhalb weniger Jahrzehnte von einem Nischenprodukt zum wichtigen Rohstoff einer Schlüsselindustrie.

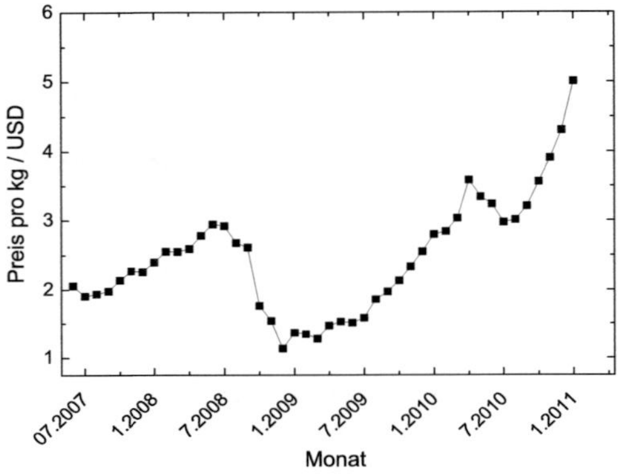

Abbildung 3.1: Marktpreis von Naturkautschuk der Qualitätsstufe RSS3 an der Rohstoffbörse Singapur in US-$/kg nach [69].

3.1 Wirtschaftliche Bedeutung der Elastomerindustrie

In der Kautschukwirtschaft wird üblicherweise zwischen den Einsatzgebieten *technische Elastomere* und *Reifen* unterschieden. Technische Elastomere ist ein Sammelbegriff für Förderbänder, Schläuche, Dichtringe, Dämpferelemente sowie eine Vielzahl anderer Komponenten. Technische Elastmererzeugnisse haben einen Anteil von ca. 40% der Produktion, die Reifenherstellung liegt bei ca. 45%. Der Rest von 15% ist eine Ansammlung von Nischenprodukten wie Gummihandschuhen und Schuhsohlen. Angesichts der Tatsache, dass fast 70% der technischen Elastomere als Treibstoffleitungen, Dämpferelemente und Dichtungen wiederum im Fahrzeugbau landen, sieht man die Abhängigkeit der Elastomerindustrie von der Automobilindustrie. In den letzten Jahrzehnten sind beide Industrien miteinander gewachsen und neue Impulse in der Reifentechnologie haben zu einer besseren Verkehrssicherheit, niedrigeren Spritverbrauch, leiseren Autos und langlebigeren Reifen geführt. Nicht zuletzt in der aktuellen Diskussion zwischen dem Fortschritt zu schnelleren, sportlicheren Autos und dem Wunsch, treibstoffsparende, umweltfreundliche Autos zu bauen zeigt sich ein Ansporn, bessere Reifen zu entwickeln, die diesen Anforderungen entsprechen.

Abbildung 3.1 zeigt den Marktpreis von Naturkautschuk der hohen Qualitätsstufen RSS3 (Rubber No. 3 Smoked Sheet) der letzten Jahre [69]. Der Automobilboom in den auf-

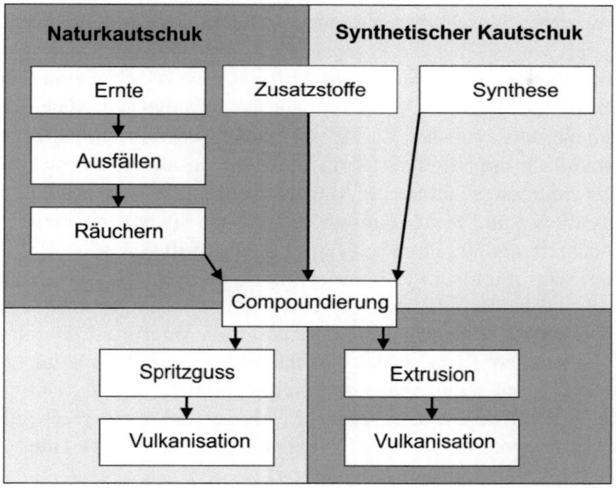

Abbildung 3.2: Die Arbeitsschritte der Gummiverarbeitung. Natürlicher und synthetischer Kautschuk werden mit den notwendigen Zusatzstoffen vermischt, durch Spritzguss oder Extrusion in Form gebracht und unter Druck und Hitze vernetzt.

strebenden Wirtschaftsmächten Indien, Russland und China feuert den Marktpreis an. Der Preis für synthetische Elastomere hängt direkt vom ebenfalls steigenden Rohölpreis ab. Insgesamt unterliegen die Rohstoffpreise der Elastomerindustrie starken Schwankungen. Umso wichtiger ist der effiziente Einsatz der kostspieligen Rohstoffe.

Insbesondere bei den technischen Elastomeren gibt es einen Trend zu komplexeren Anforderungen: flammhemmende, lebensmittelechte oder langlebige Materialien erfordern neue Rohstoffe.

Der Forschungs- und Entwicklungsetat der deutschen Kautschukindustrie lag 2010 bei ca. 385 Mio. €, fast 20 % über dem Vorjahr [69]. Selbst in der schwierigen Phase der Wirtschaftskrise 2009 konnte die Kautschukindustrie ihre Beschäftigtenzahlen und Gewinne weitestgehend beibehalten, nicht zuletzt durch die staatliche Stützung der Automobilindustrie.

3.2 Elastomerverarbeitung

Um einen Überblick über die notwendigen Messmethoden in der Produktionskette vom Rohelastomer zum Gummibauteil zu erhalten, soll hier zunächst ein kurzer Überblick über die notwendigen Herstellungsschritte gegeben werden. Abbildung 3.2 zeigt ein grobes Schema dieser Schritte.

Trotz eines enormen Forschungsaufwandes, mit dem die Herstellung synthetischer Elstomere verbessert wurde, sind die Eigenschaften von Naturkautschuk (Natural Rubber, NR) bis heute in einigen Punkten unerreicht. Entsprechend bestehen zum Beispiel Autoreifen immer noch zu einem großen Anteil aus natürlich gewonnenem Material. Hochwertige Reifen kommen meistens ohne den Zusatz von synthetischen Elastomeren aus.

Das Rohmaterial für die NR-Herstellung ist der Milchsaft des Kautschukbaums *Hevea brasiliensis*. Der zähflüssige Saft hat die Aufgabe, bei Verletzungen des Baumes die Wunde schnell zu verschließen und wirkt keim- und pilztötend. Ein bewirtschafteter Baum liefert über seine Lebenszeit von 30 Jahren pro Tag ca. 1 ℓ des Saftes.

Der Milchsaft wird mit einem geeigneten Mittel, z.B. Ameisensäure (CH_2O_2), ausgefällt, getrocknet und geräuchert. Der Räucherprozess entzieht dem Material den letzten Rest Wasser und konserviert es für den Transport zum Verarbeiter. Durch das Räuchern entsteht auch die dunklere Farbe an der Oberfläche der Kautschukmatten und der charakteristische Geruch, der an geräucherte Lebensmittel erinnert.

Synthetische Materialien werden durch die Polymerisation entsprechender Monomere verkettet. Der Prozess wird in Kapitel 3.3.5 exemplarisch für EPDM, eines der weitestverbreiteten synthetischen Elastomere, beschrieben.

Der so gewonnene Rohkautschuk oder eine Mischung von Rohmaterialien (Blends) wird mit verschiedenen Zusatzstoffen (s. Kap. 3.4) compoundiert, also gemischt. Die beiden Hauptgruppen von Mischern sind *Walzenmischer* (technisch unsauber auch als *Walzenmühlen* bezeichnet) für kleine Materialmengen und Mischungstests und *Innenmischer* für den großinustriellen Einsatz. Große Innenmischer sind mit einem Volumen von bis zu 1 000 ℓ in der Lage, mehrere hundert Kilogramm Material auf einmal zu vermischen. Nach dem Compounding wird das Material üblicherweise zu Bahnen gewalzt. Das Material ist nur noch unter großem Aufwand bei hohen Temperaturen formbar und hat noch sehr schlechte mechanische Eigenschaften, weil es noch nicht vernetzt ist. In diesem Zustand ist es auch UV-empfindlich und nicht langzeitstabil.

Das Material wird durch Extrusion (s. Kap. 3.2.1 im Anschluss) oder Druckguss in Form gebracht. Beim Druckguss wird das fließende Material unter hohem Druck in eine Form gepresst. Nach dem Erkalten wird das Bauteil in seiner endgültigen Form entnommen. Bei diesem Verfahren ist der Materialverlust durch verbleibendes Material in den Einspritzkanälen deutlich höher und der Durchsatz geringer als bei der Extrusion, allerdings können komplexere Formen realisiert werden.

Beim anschliessenden Vernetzen (klassisch als Vulkanisieren bezeichnet) wird unter hohen Temperaturen und Drücken das Material endgültig vernetzt (s. Kapitel 3.2.2). Danach ist eine weitere dauerhafte Verformung des Werkstückes praktisch ausgeschlossen. Für ein großes Bauteil wie einen LKW-Reifen kann dieser Schritt bis zu einer Stunde dauern. Die Vulkanisation kann in der Druckgussform stattfinden oder direkt an die Extrusion angeschlossen sein.

Bei einem vernetzten Material spricht man von einem *Elastomer*, beim unvernetzten vom *Kautschuk*, wobei diese Begriffe auch in der Fachliteratur nicht sauber unterschieden werden. Im Englischen werden beide Materialien häufig als *Rubber* bezeichnet, das deutsche

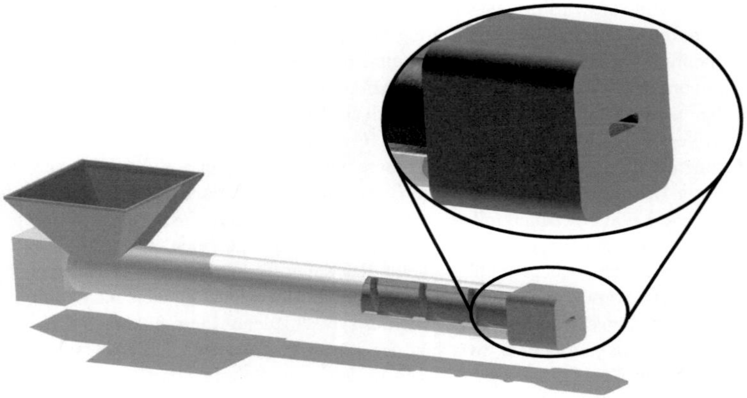

Abbildung 3.3: Modell eines Schraubenextruders. Das Material wird in den Trichter am hinteren Ende des Extruders eingefüllt und die Schraube treibt das Material auf den Exturdermund zu, wodurch es in Form gebracht wird.

Wort *Gummi* ist ein umgangssprachlicher Ausdruck für Elastomere und im wissenschaftlichen Umfeld eher unüblich.

3.2.1 Extrusion

Da in Kapitel 6 Messungen im Extrusionsprozess vorgestellt werden, wird er an dieser Stelle detaillierter beschrieben.

Der Begriff Extrusion kommt vom lateinischen *extrudere*, hinaustreiben. Als Fertigungstechnik beschreibt es die Formgebung durch Druck. Ein viskoses Material wird mit Druck durch eine formgebende Scheibe gedrückt (s. Abb. 3.3, Ausschnitt). Die Materialen können unter anderem aufgeschmolzene Polymere, Elastomere, Lebensmittel wie Tiernahrung, Erdnussflips oder Nudeln, Wood-Plastic-Composites oder Aluminium für die Herstellung von Profilschienen sein. Auch die Spritztüte, mit der Weihnachtsgebäck in Form gebracht und dekoriert wird, ist technisch nichts anderes als ein Extruder. Die Extrusion ist eine kostengünstige Möglichkeit, Endlosformen herzustellen. Die Extrusion ermöglicht auch lange Profile mit Hohlräumen, zum Beispiel Fenster- und Türrahmen aus Aluminium.

Die verschiedenen Extrudertypen unterscheiden sich primär in der Technik zum Druckaufbau. In der Elastomerextrusion wird ein Schneckenextruder genutzt (Abb. 3.3), bei dem ein Schneckenantrieb das Material mit hohem Druck auf den Extruderausgang zutreibt.

Bei der Extrusion wird das Material durch Walzen unter hohem Druck von ca. 100 bar und der durch die mechanische Scherung entstehende Temperatur von bis zu 100 °C in einen fließfähigen Zustand gebracht und am Ende des Extruders in Form gespritzt [70]. Die Temperatur muss auf einem Niveau gehalten werden, auf dem noch keine ungewollte vorzeitige Vernetzung stattfindet. Im Vergleich zu Polymerextrudern, die aktiv geheizt werden, um Verarbeitungstemperaturen von 300 °C zu erreichen, ist der Druck deutlich höher, die Temperatur hingegen geringer. Der Prozess wird üblicherweise nicht aktiv geheizt, die Temperatur wird durch die mechanische Belastung des Materials aufgebaut. Langkettige Rohelastomere wie NR bauen teilweise eine so hohe Hitze auf, dass eine aktive Kühlung notwendig ist, um eine ungewollte vorzeitige Vernetzung zu vermeiden.

Produkte wie Schläuche, Dichtlippen oder Reifenlaufflächen lassen sich als Endlosbahn extrudieren und dann in nutzbare Längen schneiden. Bei Bedarf können auch komplexere Verbundmaterialien extrudiert werden. Mehrere verschiedene Kautschuklagen können verbunden oder Gewebeschichten zwischen den Lagen eingelegt werden. Die Isolation von Kabeln wird direkt an das für den Zweck in den Extruderkopf eingeleitete Kabel angespritzt. Auch komplexe Strukturen wie die Laufflächen von Autoreifen werden in einem Schritt extrudiert, die textilen Zwischenlagen werden dabei mit eingegossen.

3.2.2 Vernetzung

Ein unvernetzter Kautschuk ist noch weit vom langlebigen und chemisch stabilen Endprodukt entfernt. Das Material ist nur wenig alterungsbeständig und die notwendige Elastizität, also die Fähigkeit, sich nach dem Ausdehnen wieder zusammenzuziehen, ist noch nicht voll ausgeprägt.

Bei der Vernetzung werden die Doppelbindungen in der Hauptgruppe aufgelöst und der Vernetzer, klassisch Schwefel, verbindet die Ketten chemisch. Prozesstechnisch werden bevorzugt Schwefelverbindungen, sogenannte Schwefelspender, genutzt, die den enthaltenen Schwefel erst chemisch freigeben müssen [71].

Einige Kautschukarten haben keine Doppelbindungen in der Hauptkette, für diese Materialien wird auf eine Peroxidvernetzung zurückgegriffen. Zusätzlich zu den neuen Kautschuken bieten peroxidvernetzte Materialien eine hervorragende Temperaturbeständigkeit. Der chemische Prozess ist schwerer zu handhaben als die Schwefelvernetzung und die benötigten Chemikalien sind teurer.

Über den Vernetzungsgrad können auch die physikalischen Eigenschaften eingestellt werden. Ein zu schwach vernetztes Elastomer neigt weiterhin zum Fließen und ist lichtempfindlich, ein übervernetztes wird schnell brüchig. Damit ein Material seine optimale Zugfestigkeit erreicht, muss der Vernetzungsprozess deutlich kürzer sein als für ein Material mit guten Weiterreißeigenschaften. Somit ist der Vernetzungsprozess häufig durch Kompromisse gekennzeichnet.

Die Vernetzungsdichte als Maß der Fortschreitung des Prozesses kann im Prozess rheologisch (Kap. 3.5.3) überwacht werden.

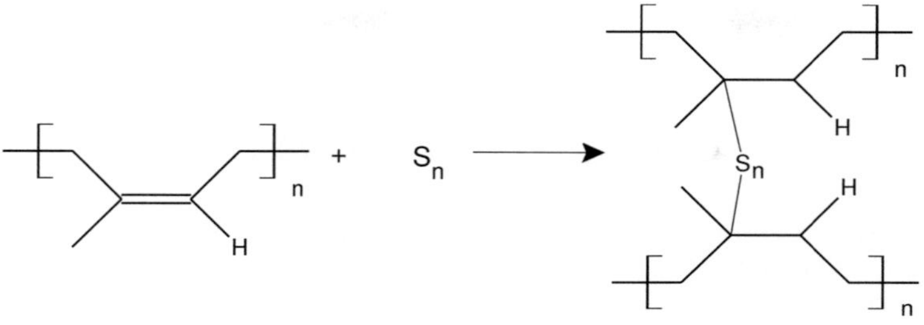

Abbildung 3.4: Aus Kautschuk (hier am Beispiel von Naturkautschuk gezeigt) wird unter Zugabe von ausreichend Schwefel unter Wärme und Druck ein vernetzes Elastomer

3.3 Elastomertypen

Aufgrund der Vielzahl verfügbarer Elastomere soll sich dieser Überblick auf diejenigen mit der größten wirtschaftlichen Bedeutung (NR, BR und SBR machen 82 % der Elastomer-Produktionsmenge aus [71]) sowie einige Spezialmaterialien, die bei den im Folgenden gezeigten Untersuchungen genutzt wurden, beschränken. Einen tiefgehenden Überblick über eine größere Auswahl an Materialien mit einer genaueren chemischen Beschreibung bietet [71].

3.3.1 Naturkautschuk

Naturkautschuk ist natürlich gewonnener Kautschuk aus dem Milchsaft verschiedener Kautschukbaumarten. Das Material ist bereits ohne Füllstoffe stabil und langlebig. Die extrem langen Molekülketten sind mit synthetischen Materialien nur sehr schwer zu erreichen, müssen allerdings zur Verarbeitung häufig künstlich aufgespalten werden, man spricht von der Mastikation. Aufgrund der guten Eigenschaften bestehen Autoreifen immer noch zum großen Teil aus Naturkautschuk. NR ist eines von sehr wenigen lebensmittelechten Elastomeren und wird als Naturlatex unter anderem für Einweghandschuhe und Babyschnuller genutzt.

Die Qualität des Materials unterliegt allerdings großen Schwankungen. Der Prozess zur Gewinnung von Naturkautschuk wird in Kapitel 3.2 besprochen. Das unpolare NR-Molekül (Abb. 3.5) hat eine vergleichsweise geringe Absorption im Terahertzbereich, s. Kapitel 5.

3.3.2 Butadien-Kautschuk

Butadien-Kautschuk (BR) ist ein sehr elastischer Kautschuk mit einer geringen mechanischen Dämpfung und niedrigem Abrieb, der auch bei tiefen Temperaturen gute Eigen-

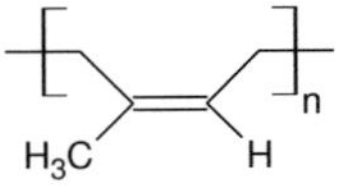

Abbildung 3.5: Strukturformel von Naturkautschuk

schaften behält. Diese Eigenschaften sind positiv für die Reifenproduktion, dem Haupteinsatzgebiet von BR. Allerdings ist BR schwer zu verarbeiten und zeigt eine starke Alterung bei Kontakt mit Sauerstoff oder Bestrahlung mit UV-Strahlung. Üblicherweise wird BR als Teil eines Blends mit anderen Materialien, z.B. NR, verwendet.

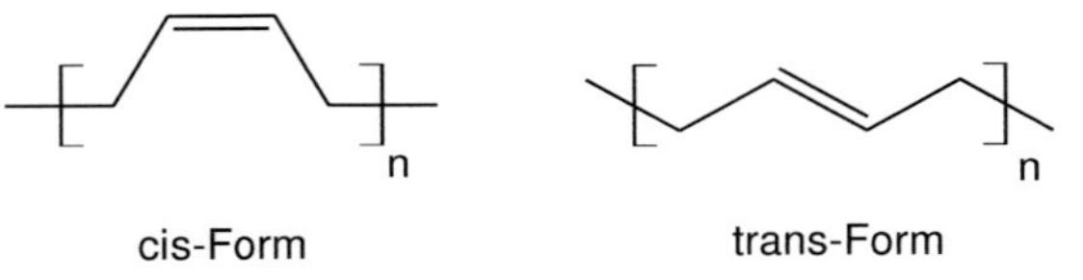

Abbildung 3.6: Die Strukturformel von Butadien-Kautschuk in cis- und trans-Polymerisation.

Der bei der Polymerisation eingesetzte Katalysator hat starken Einfluss auf das Verhältnis, in dem sich die unterschiedlichen Polymerisationsformen bilden. Man unterscheidet üblicherweise zwischen *hoch-cis-BR* und *niedrig-cis-BR* (s. Abb. 3.6), je nach Gehalt an cis-polymerisiertem BR. Ein hoch-cis-BR zeigt die erwünschte hohe Elastizität. Niedrig-cis-BR ist ein brüchiges Material mit wenig technischen Einsatzfeldern. Werden zum Beispiel Nickel (Ni) oder Neodym (Nd) als Katalysator eingesetzt, entsteht ein hoch-cis-polymerisiertes BR, wobei Nickel allgemein zu einem leicht höheren Gehalt an cis-Typ-BR führt [72].

3.3.3 Styrol-Butadien-Kautschuk

SBR ist eine Copolimerisation von Styrol und Butadien. Styrol alleine ergibt als Polystyrol ein Polymer. Abbildung 3.7 zeigt das SBR-Molekül. Man erkennt eine alternative Polymerisationsform des Butadien und das Styrolmolekül mit einem Benzolring.

SBR gehört zu den preisgünstigsten Elastomeren. Er wird aufgrund seines geringen Abriebs gerne zusammen mit NR zu Reifen verarbeitet, um den Preis zu senken.

3.3.4 (Hydroxierter) Acryl-Butadien-Kautschuk

Acryl-Butadien-Kautschuk (auch Nitril-Butadien-Kautschuk, NBR) zeichnet sich durch eine hohe Chemikalienbeständigkeit aus. Das Material wird gerne für treibstoffführende Leitungen und Dichtungen eingesetzt. Aus demselben Grund werden Einweghandschuhe

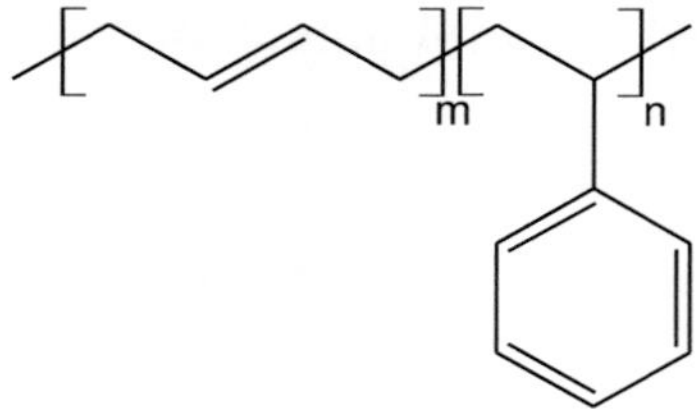

Abbildung 3.7: Strukturformel von SBR

aus Nitril für den Schutz gegen Lösungsmittel eingesetzt. Über das Verhältnis von Acryl und Butadien können Eigenschaften wie die Volumenquellung und Glasübergangstemperatur eingestellt werden. Durch die Carboxylierung, also das Anbinden einer funktionellen Carboxylgruppe, können Härte, Abriebfestigkeit und Reißfestigkeit des Materials deutlich verbessert werden [73]. Abbildung 3.8 zeigt den Aufbau des polaren Moleküls. NBR ist, zusammen mit der hydroxierten Variation HNBR, das von den hier untersuchten Materialien am stärksten im Terahertzbereich absorbierende (s. Kapitel 5).

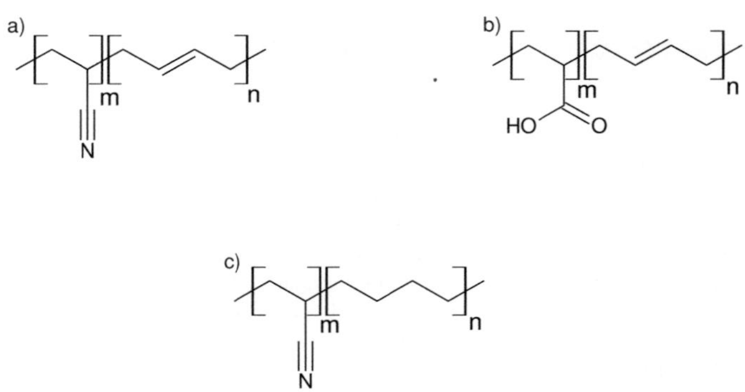

Abbildung 3.8: (a) Strukturformel von NBR, (b) carboxyliertem NBR und (c) HNBR. HNBR tritt üblicherweise als Copolymer mit NBR auf.

Die Doppelbindung im NBR wirkt sich negativ auf die Temperaturbeständigkeit, Witterungsfestigkeit und Ozonbeständigkeit aus. Eine entsprechende Modifikation, eine Hydroxierung, nimmt dem Molekül die Doppelbindung und stabilisiert es so. Üblicherweise bleibt ein Anteil von einigen Prozent Doppelbindungen im Molekül erhalten.

3.3.5 Ethylen-Propylen-Dien-Kautschuk

Ethylen-Propylen-Dien-Kautschuk (EPDM) ist ein Copolymer aus Ethylen, Propylen und Dien. Die Materialeigenschaften hängen stark von der Mengenverteilung der Einzelkomponenten ab. Üblicherweise ist ein sehr geringer Anteil Dien in der Mischung, Ethylen dominiert die Reaktion. Die Komponenten tendieren dazu, lange gleichartige Ketten zu bilden (Abb. 3.9).

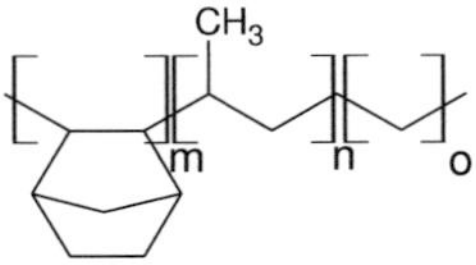

Abbildung 3.9: Beispielhafter Aufbau eines EPDM mit 5-Ethylidennorbonen.

EPDM ist witterungs-, UV- und ozonbeständig und im Temperaturbereich von ca. -50 °C bis +150 °C einsetzbar. Es ist sehr quellbeständig, d.h. es absorbiert relativ wenig Wasserdampf oder ähnliches aus der Atmosphäre. Entsprechend werden EPDMs gerne für Dichtungen eingesetzt.

3.4 Zusatzstoffe und ihre Aufgaben

Die technische Nutzbarkeit eines reinen Elastomers ist relativ gering. Ohne den Zusatz von Vernetzern wie Schwefel sind die Materialien sehr anfällig gegen UV-Strahlung, ohne Ruß sind sie sehr weich und nur bedingt abriebfest. Erst durch die Zugabe von Additiven werden die bekannten langlebigen Materialien mit weit einstellbaren Eigenschaften erreicht.

Die für Elastomermischungen gebräuchliche Einheit zur Beschreibung einer Mischung ist *per hundred rubber* (phr). Hier wird der Massenanteil einer Zutat pro hundert Massenanteilen Rohelastomer angegeben. Eine Mischung mit 20 phr Ruß enthält beispielsweise 20 kg Ruß pro 100 kg Elastomer. Diese Angabe, die zwar für das Bedienpersonal der Mischanlage sehr praktisch ist, ist für eine physikalische Beschreibung der Eigenschaften einer Mischung eher ungeeignet. Um die Angabe in Masseprozent umzurechnen, muss man die Anteile aller Bestandteile addieren:

$$P_{i,m\%} = \frac{P_{i,phr}}{\sum\limits_{k=1}^{n} P_{k,phr}} \tag{3.1}$$

mit dem Anteil der Substanz i (inklusive dem Elastomer) in Masseprozent ($P_{i,m\%}$) und in phr ($P_{i,phr}$). Der Rohelastomergehalt ist definitionsbedingt 100 phr.

Die Umrechnung in Volumenprozent, erfolgt über die Dichte der Einzelkomponenten sowie der Mischung:

$$P_{i,vol\%} = \frac{P_{i,m\%}}{\rho_i \sum\limits_{k=1}^{n} \frac{P_{k,m\%}}{\rho_k}} = \frac{P_{i,phr}}{\rho_i \sum\limits_{k=1}^{n} (P_{k,phr}\rho_k)}. \tag{3.2}$$

Eine fertige Elastomermischung besteht nicht selten aus über 10 Zutaten. Die Komponenten lassen sich grob in 4 Gruppen einteilen.

3.4.1 Vernetzer

Das unvernetze Rohelastomer braucht für die Vulkanisation einen Zusatzstoff, um chemische Verbindungen zwischen den Ketten zu bilden. Der einfachste und kostengünstigste Vernetzer ist Schwefel, teilweise auch in Form vom Schwefelverbindungen zugesetzt.

Die Vernetzung mit Schwefel ist sehr langsam und weist einen geringen Vernetzungsgrad auf. Erst Vernetzungsbeschleuniger ermöglichen eine hinreichend schnelle und starke Vernetzung. Der Beschleuniger wirkt als Katalysator für die Vernetzung. Als Aktivator wird zusätzlich Stearinsäure oder ein Metalloxid, meistens Zinkoxid (ZnO) genutzt.

Bei einigen Vorgängen kann zusätzlich ein Vernetzungsverzögerer eingesetzt werden. So kann zum Beispiel sichergestellt werden, dass das Material zuerst die Gussform voll ausfüllt und dann erst vernetzt und eine feste Form bildet.

3.4.2 Ruß und Kieselgel

Materialien wie Ruß, Kohlenstoffnanopartikel oder Kieselgel (Silica) sorgen für eine härtere Mischung und eine höhere Abriebfestigkeit. Ruß ist hierbei die preisgünstigste Variante, Kieselgel wird primär aus ästhetischen Gründen genommen. Erst der farblose Zusatz erlaubt die Produktion von farbigen oder weitestgehend farblosen Materialien.

Die Partikelgröße von Ruß ist ein entscheidender Faktor für seinen Einfluss auf die Mischung. Je feiner die Partikel sind, desto weniger Material braucht man aufgrund der besseren Anbindung für denselben Effekt, aber desto kritischer ist auch die Dispergierung des Materials. Kleinere Partikel neigen stärker zur Agglomeration als große.

Eine neue Entwicklung ist der Einsatz von Kohlenstoffnanoröhren. Zusätzlich zum sehr günstigen Verhältnis zwischen Oberfläche und Volumen bieten sie noch sehr lange Moleküle, die sich günstig vernetzen.

3.4.3 Weichmacher

Weichmacher stehen in der Bevölkerung für minderwertige Polymere und Elastomere. Viele Weichmacher sind gesundheitlich bedenklich, sie verbreiten einen unangenehmen Geruch und sorgen häufig für eine kurze Lebensdauer des Produktes, da sie bei Hitze zum Verdampfen neigen. Auch kann man ein Elastomer durch den Zusatz von Weichmachern und Ruß bei gleichbleibender Härte strecken. Beide Zusatzstoffe sind preisgünstiger als

Kautschuk. Ganz unberechtigt sind die Vorurteile gegenüber den Weichmachern also nicht, allerdings gibt es eine Vielzahl von Einsätzen, in denen Weichmacher die Eigenschaften einer Materialmischung positiv beeinflussen.

Für den Tieftemperatureinsatz bieten Weichmacher auch die Möglichkeit, die elastischen Eigenschaften einer Mischung länger aufrecht zu erhalten und weichere Materialien zu erzeugen. Eine zu hohe Konzentration von Weichmachern kann zum Ausschwitzen dieser führen. Auch ist der Einsatz von Weichmachern im direkten Kontakt mit der Haut oder Lebensmitteln nicht ganz unkritisch.

3.4.4 Gleitmittel

Da einige Mischungen sich nur schwer verarbeiten lassen, wird für die Extrusion eine geringe Menge Gleitmittel zugesetzt, das die Haftung an der Extruderwand und -schnecke senken soll. Die Eigenschaften des Materials werden dadurch praktisch nicht beeinflusst.

Eine Gefahr beim Einsatz von Gleitmitteln ist die Störung von Messsonden im Extrusionsbetrieb. Es kann schnell passieren, dass das eingesetzte Gleitmittel sich an der Kontaktfläche eines Sensors festsetzt und so die Messung an der Oberfläche des Materialstroms verfälscht.

3.5 Physikalische Messverfahren

Naturlatex ist schon seit über 100 Jahren ein Rohstoff für eine Vielzahl von Anwendungen. Selbstverständlich werden Material und Bauteile seit der ersten Stunde auf ihre Verarbeitung und Qualität hin geprüft. Die Zahl der eingesetzten Prüfverfahren ist dabei stetig gestiegen, die Aussagekraft der einzelnen Techniken hat sich stetig verbessert. Um mögliche Einsatzszenarien für die Terahertzspektroskopie zu identifizieren muss man die bereits etablierten Verfahren mit ihren Stärken und Schwächen kennen. Nur mit einem entscheidenden Vorteil gegen die etablierten Technologien kann man eine neue Messtechnik in einem konservativen Markt wie der Elastomerverarbeitung etablieren.

Die meisten etablierten Messverfahren zur Qualitätskontrolle sind hierbei phänomologisch, also eine direkte Messung einer Materialeigenschaft. Einen guten Überblick über die typischen Messverfahren bietet das Buch von R. Brown [74]. Die wichtigsten Prüfungen sind

Reißtests für den statischen Ausfall,

Dauerbelastungstests der zyklischen Belastbarkeit. Gemessen werden die Zahl der Belastungen bis zum Ausfall der Probe sowie die Hysterese der Dehnung,

Rheologische Untersuchungen der Fließeigenschaften (griechisch *rhei*: fließen) bzw. der Viskosität eines Materials,

Abriebtests einer Probe auf einem definierten Untergrund,

Härtetests nach Shore, bei denen die Eindringtiefe einer genormten Spitze in das Material gemessen wird.

Alle diese Messverfahren haben gemein, dass sie die zu untersuchende Größe direkt darstellen. Im Gegensatz dazu sind elektromagnetische Messverfahren meistens indirekte Messungen. Diese Messverfahren verlangen nach einer zusätzlichen Interpretation und Modellierung der Messung. Mit einem entsprechenden Modell kann man aus den elektromagnetischen Kennwerten anhand von mikroskopischen Eigenschaften wie Füllstoffgehalt oder -dispergierung Rückschlüsse auf die makroskopischen Eigenschaften schließen. Zum Beispiel ist der Brechungsindex bei 350 GHz für den Nutzer keine entscheidende Messgröße, wird aber im Anschluss genutzt, um die Zusammensetzung eines Materials zu überwachen (Kap. 6.3).

Eine Prüfung kann aus verschiedenen Gründen notwendig sein und muss dafür verschiedene Bedingungen erfüllen. Zunächst kann eine neue Mischung ausprobiert oder ein neues Material geprüft werden, um mit den Ergebnissen den Einsatzzweck festzulegen oder eine Datenbasis für die Auslegung und Simulation von Bauteilen zu erstellen. Die Prüfung wird üblicherweise einige Male durchgeführt, um statistisch belastbare Daten zu haben, jedoch ist keine kontinuierliche Überprüfung des Produktes vorgesehen. In diesem Fall ist der Preis der Prüfung relativ unwichtig und eine Zerstörung des Prüfkörpers kann uneingeschränkt in Kauf genommen werden. Ebenfalls sind Dauer und Personalaufwand der einzelnen Prüfung zweitrangig. Wichtiger ist eine zuverlässige und genaue Aussage über die Probe.

Ist es hingegen Aufgabe der Prüfung, einen laufenden Prozess zu kontrollieren, sollte die Prüfung möglichst schnell ein Ergebnis liefern und kostengünstig sein, da sie unter Umständen mehrmals täglich oder gar kontinuierlich durchgeführt werden soll. Hier ist auch eine zerstörungsfreie Prüfung wünschenswert. Durch eine schnelle, zerstörungsfreie Prüfung mit geringen Kosten pro geprüftem Bauteil kann die Prüfquote, also der Anteil des geprüften Materials bzw. der geprüften Proben deutlich erhöht werden. So können engere Toleranzen garantiert werden, wodurch die Qualität des Produktes steigt.

Der entscheidende Vorteil indirekter elektromagnetischer Prüfungen ist die Einfachheit der Messung. Die Präparation spezieller Messkörper entfällt häufig, viele dieser Messungen lassen sich in einen Produktionsprozess integrieren. Mechanische Belastungsmessungen müssen im Gegensatz hierzu sehr lange, meistens bis zum Versagen des Bauteils durchgeführt werden. Einerseits kann die Prüfzeit minimiert werden, andererseits werden die geprüften Proben nicht angegriffen, weswegen sie weiter genutzt werden können, eine wichtige Eigenschaft für ein 100%-Messverfahren, bei dem jedes produzierte Teil geprüft wird.

Im Folgenden sind die wichtigsten Messgrößen eines Elastomerproduktes aufgelistet. Dazu werden aktuelle Messverfahren und neue Entwicklungen diskutiert.

3.5.1 Stoffliche Zusammensetzung

Technische Gummirezepte bestehen nicht selten aus mehr als 10 Zutaten. Neben einem oder mehreren Rohelastomeren werden die technischen Eigenschaften durch Ruß, Kieselgel (Silica), Zinkoxid, Stabilisatoren, Weichmacher, Vernetzer, Gleitmittel für die bessere Verarbeitbarkeit und viele andere Stoffe verarbeitet. Die Zusammensetzung sollte im Prozess mehrfach überprüft werden.

Neben Fehlern des Bedienpersonals (Fehler beim Einwiegen, Vertauschen von Zutaten oder Mischungen) muss die Qualität und Zusammensetzung der zugekauften Mischungen oder Addtitive kontinuierlich überprüft werden. Im ungünstigsten Fall kann ein schlechter Mischprozess zum Auswaschen einzelner Komponenten über einer Materialcharge führen, vergleichbar Abbildung 5.4 auf Seite 73.

Nicht zuletzt können mehrere, für sich harmlose und sogar für Lebensmittelverpackungen zugelassene Zutaten einer Mischung bei der Vulkanisation zu umwelt- und gesundheitsgefährdenden Verbindungen reagieren [75]. Die Möglichkeiten, welche Stoffe hier reagieren können, sind so vielseitig und unvorhersagbar, dass nur eine Chromatographie sicheren Rückschluss über die reale Zusammensetzung einer Materials gibt. Nur eine Minimierung der eingesetzten Materialien und genaue Prüfungen können die Wahrscheinlichkeit senken, ungewollt schädliche Stoffe zu produzieren.

Das wichtigste Werkzeug, um die Zusammensetzung einer Mischung zu prüfen ist die Chromatographie. Die meisten Chromatographen basieren auf einer Säule oder einer ähnlichen Strecke, die von einer sogenannten *mobilen Phase*, einem Trägermaterial, durchflossen wird. Je nachdem, welche Art der Chromatographie genutzt wird, ist diese Phase gasförmig oder flüssig. Sie transportiert das Probengemisch durch die mit der *stationären Phase* gefüllten Messsäule, wobei die unterschiedlichen Bestandteile unterschiedlich stark von der stationären Phase aufgehalten werden. Mit einem geeigneten Sensor am Ende der Säule kann man die Laufzeiten bestimmen und somit die Bestandteile unterscheiden. Unterscheidungsmerkmale sind je nach Technik zum Beispiel Molekülgröße (Gaschromatographie) oder Polarität (HPLC - High Precision Liquid Chromatography). Die HPLC ist auch das Standardverfahren für die Elastomerchromatographie.

Eine alternative, ebenfalls zerstörende Technik ist die Thermogravimetrie, bei der eine Probe langsam erhitzt und mittels einer präzisen Waage ständig ihre Masse ermittelt wird. Die Masse ändert sich mit der Temperatur durch verschiedene Effekte (v.a. Verdampfen, Oxidieren oder Reduzieren der Bestandteile). Anhand von Literaturdaten können Masseänderungen bei bestimmten Temperaturen auf chemische Reaktionen oder das Verdampfen von Zutaten zurückgeführt werden.

3.5.2 Form

Beim Spritzguss kann es systematisch oder vereinzelt zu Fehlern kommen. Meistens ist eine Form nicht vollständig ausgefüllt, aber es können auch Materialreste aus dem Spritzguss am Produkt hängen. Üblicherweise wird deswegen jedes produzierte Stück je nach

Größe, Form und Toleranzen entweder durch eine Sichtkontrolle oder automatisiert über eine Kamera und eine entsprechende Bilderkennungssoftware überprüft. Zusätzlich kann eine mechanische Abtastung die Form deutlich genauer, aber auch langsamer darstellen. Eine Kamera mit automatisierter Aussortierung kann mehrere zehn Produkte (z.B. Dichtringe) pro Sekunde prüfen.

3.5.3 Viskosität

Die Viskosität ist ein Maß für die Zähflüssigkeit eines Materials. Bei Flüssigkeiten kann man sich das sehr einfach vorstellen und einfach messen. Die Viskosität von Flüssigkeiten wird mit zwei ineinander gesteckten Zylindern, deren Zwischenraum mit der Probe gefüllt ist gemessen. Einer der Zylinder wird in Rotation versetzt und die am anderen Zylinder ankommende Kraft ist ein Maß für die Viskosität. Je besser die Kraftübertragung ist, desto viskoser ist die Flüssigkeit.

Feststoffe haben auch eine Viskosität. Diese ist sehr viel höher und lässt sich deutlich schwerer messen. Für ein Elastomer gibt die Viskosität das Maß der Scherung bei entsprechender Belastung an. In der Elastomerindustrie ist das Mooney-Viscosimeter [76] der Standard-Messaufbau für die Viscositätsbestimmung. Eine Materialprobe wird zwischen einer festen und einer rotierenden Scheibe eingespannt. Durch geeignete Maßnahmen (Verzahnung der Scheibenoberfläche, Druck) wird ein Rutschen zwischen Scheibe und Probe verhindert. Der Widerstand, den das Material gegenüber der rotierenden Scheibe bietet, ist ein Maß für seine Viskosität.

Da die Probenform und die Anbindung zwischen Anregung und Probe einen Einfluss auf die Messung haben, müssen speziell geformte Probekörper verwendet werden.

3.5.4 Langzeitstabiltiät

Alterungserscheinungen von Elastomeren sind auch im Alltag bekannt. Wo ein ausgeleiertes Gummiband noch ein kleines Ärgernis ist, verursacht eine spröde Gummidichtung am Auto unter Umständen erhebliche Kosten und ein spröder Bremsschlauch kann gefährlich für den Menschen werden. In großindustriellen Anlagen können die Ausfallkosten, die ein frühzeitig verschlissenes Förderband erzeugt schnell im sechsstelligen Bereich enden. Neben der Festlegung einer Bauteillebensdauer werden Stabilitätstests benötigt, um die Wirksamkeit von Maßnahmen zu deren Verlängerung zu bewerten.

Bei statischen Alterungssimulationen werden die Proben einem feindlichen Klima ausgesetzt. Hierzu gehören UV-Strahlung, aggressive Atmosphären, z.B. eine hohe Ozonkonzentration in der Luft, Chemikalien sowie extreme Temperaturen. Während der Exposition werden regelmäßig Proben entnommen und den hier präsentierten Prüfungen (Viskosität, Reißfestigkeit etc.) unterzogen, um die Alterung zu bestimmen. Da aus Zeitgründen meistens eine sehr hohe Dosis der Umwelteinflüsse genutzt wird und die Haltbarkeit von viele anderen Faktoren abhängt, kann kein direkter Rückschluss auf die Langlebigkeit gezogen werden. Aber ein Material, das eine hohen Ozonkonzentration länger aushält als eine Referenzprobe ist auch unter Normalbedingungen ozonbeständiger.

Das Quellvermögen von Materialien wird gemessen, indem das Material einer definierten Substanz, z.B. einem Standard-Öl, ausgesetzt wird. Das Volumen oder die Masse der Probe wird nach einer definierten Zeit gemessen und somit die Menge der aufgenommenen Flüssigkeit bestimmt.

Dynamische Belastungen an Elastomermaterialien erzeugen immer minimale molekulare Schäden im vernetzten Material. Teilweise verheilen diese Schäden durch die beim Zusammenziehen frei werdende mechanische Energie wieder. Das Ergebnis ist eine Hysteresekurve zwischen Kraft und Ausdehnung inklusive der Neukurve, wie man sie aus dem Magnetismus kennt. Bei gleichbleibender Belastung ändert sich die Hysterese nur minimal. Erhöht man die Maximalkraft des Durchlaufs hingegen, entsteht eine größere Auslenkung und gleichzeitig eine ausgeprägtere Hysterese. Je nach Material und Dehnung kommt es nach einigen 10 000 Zugwiederholungen zur Katastrophe, dabei steigt die Zahl der Mikrorisse schlagartig an und das Material reißt.

Während dieser Versuche können Proben entfernt und vermessen werden, um zu überprüfen, ob sich bereits Mikrorisse gebildet haben, die im weiteren Verlauf zum Bauteilversagen führen können. Hier bieten sich bildgebende Röntgenverfahren an.

3.5.5 Dispergiergüte

Die Dispergiergüte oder Dispergierung[i] einer Materialmischung gibt sowohl im Elastomer- als auch im Polymerbereich an, wie gut die Inhaltsstoffe vermischt sind, s. Abb. 3.10. Eine gleichmäßige Dispergierung verbessert die mechanischen Eigenschaften der Mischung sehr stark. Die Diskussion zur Dispergierung wird meist im Zusammenhang mit Ruß geführt. Zum einen ist Ruß der wichtigste Zusatzstoff in der Elastomermischung, zum anderen neigt er sehr stark zu einer schlechten Dispergierung. Die verstärkende Wirkung von Ruß als Zusatzstoff verbessert sich außerdem mit der Oberfläche, also mit kleineren Rußpartikeln bzw. -agglomeraten. Agglomerate von Zusatzstoffen sind sehr häufig die Auslöser von Frühausfällen, also Teilen, die deutlich vor ihrer erwarteten Lebenserwartung ausfallen.

Klassische Techniken zur Festellung der Dispergierung basieren auf der optischen Kontrolle einer frisch geschnittenen Materialoberfläche bei geeigneter Beleuchtung. Hier erscheinen schlecht dispergierte Oberflächen glänzend, während gut dispergierte Materialen eher matt sind. Klassisch wurde die Kontrolle durch den Vergleich mit Standard-Tabellen durchgeführt, heutzutage geschieht dies computergestützt, was die Messung unabhängig vom Bedienpersonal macht.

Um die Agglomerate direkt darzustellen, kann ein TEM (Transmission Electron Microscope) genutzt werden, das die Agglomerate mit einem Durchmesser im Bereich einiger

[i] Üblich ist auch der Begriff Dispersion, der in dieser Arbeit nicht genutzt wird, um eine Verwechselung mit der optischen Dispersion zu vermeiden.

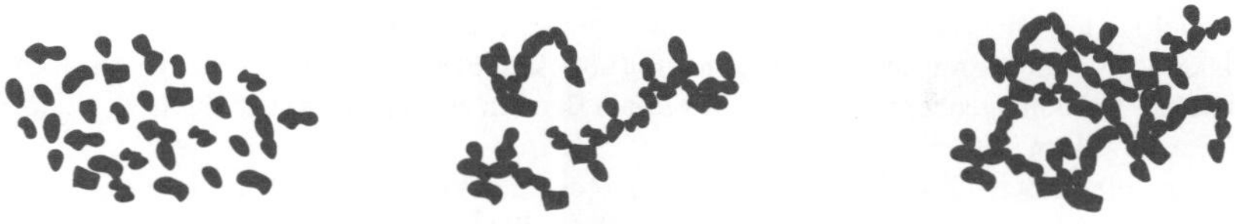

Abbildung 3.10: Dispergierung von Partikeln. Dieselbe Anzahl an Partikeln als gut (links) und schlecht (Mitte) dispergiert, eine größere Partikelzahl erzeugt ein perkolliertes Netzwerk von Partikeln.

10 µm darstellt. Eine TEM-Messung bedarft einer sehr aufwendigen Probenpräparation mit sehr dünnen Proben. Ausserdem benötigt das System auch für kleine Bereiche sehr lange. Somit ist eine TEM-Messung nur geeignet, um in einem kleinen Teil eines Teststücks die Dispergierung zu überprüfen.

Alternativ lässt sich ein AFM (Atomic Force Microscope) nutzen. Hier wird eine extrem glatte Probenoberfläche mit einer Messnadel knapp über der Oberfläche abgetastet. In Kapitel 5.2.1 wird ein NeaSNOM, ein erweitertes AFM zur Auflösung von CNT-Agglomeraten genutzt. Größere Agglomerate im Bereich einiger hundert Mikrometer lassen sich auch mit hochauflösender Röntgenmesstechnik darstellen.

Allen diesen Ansätzen zur direkten Darstellung von Agglomeraten ist gemein, dass sie speziell präparierte Proben benötigen. Insbesondere die optischen Verfahren zeigen nur die Dispergierung innerhalb des Schnittes und nicht über dem gesamten Material.

3.5.6 Spektroskopieverfahren

Verschiedene Spektroskopieverfahren werden in der Elastomertechnik genutzt. Vor allem ist hier die FTIR (Fourier Transform Infrared)-Spektroskopie zu nennen. Ein großer Nachteil aller kurzwelligen Spektroskopieverfahren ist, dass die meisten realistischen Mischungen aufgrund ihres Rußgehaltes für die Messung nicht geeignet sind oder aufwendige Präparationsmethoden zur Herstellung von Dünnschichten erfordern [77].

Mit FTIR, Raman- und Röntgenspektroskopie werden Messungen an Rohelastomeren durchgeführt, bei denen klare Rückschlüsse auf die Verhältnisse der verschiedenen Gruppen in einem Copolymer, der Kettenlänge und dem Vernetzungsgrad getroffen werden. Die optischen Spektroskopiesysteme sind nicht in der Lage, Transmissionsmessungen an rußgefüllten Materialien durchzuführen, da das Material zu stark absorbierend ist.

FTIR

Die FTIR-Spektroskopie nutzt einen schwarzen Strahler, der breitbandig Infrarotstrahlung emittiert. Ein Michelson-Interferometer löst die Wellenlänge (in der chemischen Spektroskopie ist die Angabe der Wellenzahl, also die Anzahl der Wellenzüge pro Zentimeter, üblich) auf. Üblicherweise werden Transmissions-Spektrometer genutzt, alternativ können aber auch ATR (Attenuated Total Reflection)-Spektrometer aufgebaut werden. Der abgedeckte Wellenlängenbereich liegt im infraroten Bereich zwischen 500 und 4000 cm^{-1}, also 25 und 200 µm.

Im Infrarotbereich befinden sich viele interessante Vibrationsmoden, die eine Unterscheidung vieler Stoffe anhand von spezifischen spektroskopischen Fingerabdrücken ermöglichen. Neben einer scharfen Identifikation verschiedener Stoffvariationen [78] kann auch die Anbindung von Silicaverstärkungen an die Polymermatrix untersucht werden [79]. Rußverstärkte Materialien können jedoch nur mittels Reflexionsmessungen vermessen werden, da der Ruß die Infrarotstrahlung sehr stark absorbiert. Alterungserscheinungen können durch die Zerstörung der charakteristischen Doppelbindungen im Material beobachtet werden [80].

Eine FTIR-ATR-Sonde als hochsensitive Reflexionsgeometrie reagiert nur auf die Oberfläche sensitiv, insbesondere in der im Folgenden angestrebten Inlinesonde können sich Zusatzstoffe an der Oberfläche anreichern oder die Sensoroberfläche verunreinigen und somit die Messung verfälschen.

Raman-Spektroskopie

Die Raman-Spektroskopie ist eine etablierte Technologie, die durch unelastische Streuung (Raman-Streuung) geeignet ist, um niederfrequente Vibrationsmoden in Molekülen darzustellen. Somit kann sie genutzt werden, um die molekularen Eigenschaften von Materialien zu bestimmen.

Monochromatisches Licht mit hoher Leistung regt das Material oberflächlich an. Bei der Relaxiation wird wiederum Strahlung abgegeben, die aufgrund der Raman-Streuung teilweise eine andere Wellenlänge hat, man spricht von der Raman-Verschiebung (Raman-Shift). Die Raman-Verschiebung bietet Einblicke in die Energieniveaus und somit in Vibrations- und Rotationsmoden des Materials.

Im Elastomerbereich zeigen die meisten Materialien spezifische Absorptionspeaks. Die unterschiedlichen Polymerisationsarten eines Elastomers (z.B. Butadienkautschuk, s. Kapitel 3.3.2) zeigen aufgrund der schwankenden Anzahl von Doppelbindungen im Material charakteristische Unterscheidungsmerkmale. Der Vernetzungsgrad kann ebenfalls mittels Raman-Spektroskopie genauso bestimmt werden wie der Zusatstoffgehalt [81].

Für die Raman-Spektroskopie wird ein sehr leistungsstarker Laser benötigt. Die Technologie ist zwar etabliert, aber aufwendig und teuer. Ausserdem wird nur die Oberfläche bzw. einem Materialschnitt vermessen werden. Bei Labormessungen kann durch einen Schnitt auch das tieferliegende Material vermessen werden.

XRD-Spektroskopie

Röntgenuntersuchungen an elastomeren Stoffen wurden bereits in den 1930er-Jahren durchgeführt [82]. XRD-Spektroskopie kann vor allem genutzt werden, um die Kristallisierung im Material zu untersuchen (z.B. [83]). Zusätzlich können bildgebende Röntgentechniken, sowohl die projizierende Technik mit Photopapier oder photoaktiven Detektoren, als auch tomographische Verfahren, genutzt werden, um hochauflösende Aufnahmen von Bauteilen zu erstellen. Diese zeigen neben Agglomeraten und Luftblasen sehr früh entstehende Risse im Material.

Mikrowellen-Spektroskopie

Die Absorptionswerte von rußgefüllten Polymeren steigen mit der Frequenz an. Da die hohe Absorption im infraroten und optischen Bereich die Messungen erschweren, bietet sich der Schritt in den langwelligen Mikrowellenbereich an. Anstelle einer Freistrahllösung kann ein Streifenleiter (Microstrip) mit der Probe als Dielektrikum hergestellt werden, um die dielektrischen Eigenschaften genau zu untersuchen. Polymere mit einem Rußgehalt bis 20 % können untersucht werden [84], die Absorption steigt mit dem Rußgehalt deutlich an. Eine entsprechende Modellierung [85] ermöglicht die Abschätzung der Zusammensetzung. Prinzipiell können diese Untersuchungen auch an Elastomeren durchgeführt werden.

3.5.7 Zwischenfazit: etablierte Messverfahren

Man erkennt, dass die meisten hier vorgestellten Prüfverfahren sich zwar sehr gut für die Messung von Materialeigenschaften und Prototypen eignen. Hingegen sind die Verfahren für eine Prozesskontrolle zu kompliziert und können maximal stichprobenartig durchgeführt werden.

Die meisten elektromagnetischen Messverfahren leiden unter der hohen Absorption rußgefüllter Materialien. Die Absorption sinkt zu niedrigeren Frequenzen hin, so dass Transmissionsmessungen im Mikrowellenbereich oder eben dem Terahertzbereich vielversprechend wirken.

4 Aufbau industrietauglicher Terahertzsysteme

4.1 Komponenten für industrietaugliche THz-Systeme

4.1.1 Fasergekoppelte gepulste Laser

Das nach eigenen Angaben erste kommerziell verfügbare Terahertzsystem wurde im Jahr 2000 von der Firma Picometrix auf den Markt gebracht (T-Ray 2000 ®) [86]. Zu dieser Zeit waren die Systeme allerdings noch sehr weit vom industriell nutzbaren Turnkey-System entfernt. Vor allem der gepulste Laser, zu dieser Zeit meistens noch ein Ti:Sa-Laser, war sehr wartungsintensiv. Der fehlerfreie Betrieb dieser Systeme verlangt nach einem ausgebildeten Techniker, der sich mit den Komponenten auskennt und vor jeder Messreihe die Feinjustage des Systems kontrolliert. Ein Betrieb in nicht klimatisierten Räumen ist für diese Systeme undenkbar, außerdem begrenzen Größe und Kosten den Einsatz dieser Systeme auf Forschungsinstitute und Universitäten. Der angestrebte breite Einsatz in der industriellen Messtechnik war mit diesen Aufbauten noch nicht denkbar.

Die Entwicklung von gepulsten Faserlasern mit Pulslängen von deutlich unter 1 ps war ein wichtiger Schritt hin zu stabilen, wartungsarmen Systemen. 1991 wurde von Duling et al. ein Faserlaser mit Pulslängen von 314 fs demonstriert [87]. Aufgrund der Verfügbarkeit von Erbium-dotierten Verstärkerfasern arbeiten die meisten gepulsten Laser im Wellenlängenbereich um 1550 nm, der für den Telekommunikationsmarkt sehr interessant ist.

Diese ersten gepulsten Faserlaser, aufgrund der Form des doppelten Faserringes auch Figure-8-Laser genannt, nutzten zur Modenkopplung nichtlineare Polarisationseffekte. Um einen geeigneten Modelock-Zustand zu finden, werden mehrere Polarisationssteller genutzt. Wenn der Laser einmal in einem stabilen Zustand mit einer hohen Leistung und kurzen Pulsen ist, sollte er von größeren Umwelteinflüssen geschützt werden. Starke Vibrationen, Erschütterungen oder Temperaturänderungen können den Laser aus dem Modelock-Zustand bringen. Die Fasern im aktiven Faserring mussten fixiert liegen, schon die kleinste Bewegung ändert die empfindlichen Polarisationseigenschaften. Dennoch markieren diese Laser durch ihre Stabilität und Bedienerfreundlichkeit einen Quantensprung im Vergleich zu Ti:Sa-Lasern.

Stabilere Laser, die ohne Eingriffe ihren Modelockzustand erreichen, können durch den Einsatz von sättigbaren Absorbern hergestellt werden [88]. Der in der Quelle noch beschriebene Freistrahlbereich kann durch eine direkte Kopplung der Glasfaser an den sättigbaren Spiegel vermieden werden, was auch dem aktuellen Stand der Technik entspricht.

Um kürzere Laserpulse erzeugen zu können, müssen die Pulse ein breiteres Frequenzspektrum abdecken. Eine zeitliche Verzögerung der einzelnen Pulskomponenten verbreitert den Puls. Wenn alle Komponenten ideal zeitgleich ihr Ziel erreichen, spricht man von einem *bandbreitenlimitierten Puls*. Je breitbandiger der Puls ist, desto empfindlicher reagiert die Pulslänge auf Schwankungen in der Faserlänge. Da für ein Terahertzspektrum von maximal 3 THz relativ breite Pulse von 150 fs ausreichend schmal sind, sollten an dieser Stelle bewusst schmalbandige Laser genutzt werden, die sich bezüglich der Dispersionskompensation deutlich gutmütiger verhalten. Nach der Formel

$$\Delta t = \frac{s}{\Delta f} \tag{4.1}$$

lässt sich mit der spektralen Bandbreite des Laserpulses Δf seine minimale zeitliche Breite berechnen. Der Faktor s ist ein Formfaktor und beträgt für ideal gaussförmige Pulse 0,441. Für gaussförmige 150 fs-Pulse um eine Mittelwellenlänge von 1550 nm benötigt man somit eine Bandbreite von 20 nm. Da die Pulse üblicherweise nicht ideal geformt sind, sollte eine etwas höhere Bandbreite gewählt werden. Tendenziell zeigen Faserlaser ungleichmäßigere Pulsformen als Freistrahl-Ti:Sa-Laser. Sie benötigen entsprechend auch eine höhere Bandbreite, um dieselbe Pulslänge zu erzeugen.

4.1.2 Dispersionskompensation

Fasergekoppelte Terahertzsysteme erlauben es, flexible und stabile Messaufbauten zu realisieren. Hier können die Antennen auch einige Meter entfernt von den restlichen Komponenten betrieben werden. Durch den wellenlängenabhängigen Brechungsindex der Glasfasern ist die Ausbreitungsgeschwindigkeit der verschiedenen Wellenlängen nicht mehr identisch und der Puls wird zeitlich gestreckt. Bei normaler Dispersion ist die Brechzahl für hohe Wellenlängen kleiner, ihre Ausbreitungsgeschwindigkeit also höher. Quarzglas weist im Bereich um 1550 nm eine leicht anormale Dispersion auf. Eine Dispersionskompensation sorgt dafür, dass die Frequenzkomponenten bei der Einkopplung in die Faser eine umgekehrte Dispersion erhalten, um zeitgleich am Ende der Faserstrecke anzukommen.

Freistrahlbasierte Gitter- und Prismenkompressoren sind für viele Wellenlängenbereiche verfügbar und lassen sich über den Abstand der Komponenten auf eine beliebige Dispersion einstellen. Sie sind die Standardlösung für die Bänder um 800 und 1060 nm. Jedoch haben sie die typischen Nachteile von Freistrahlkomponenten, vor allem das Risiko einer Dejustage aufgrund von Temperaturschwankungen oder mechanischen Belastungen. Prismenkompressoren zeichnen sich im Vergleich zu Gitterkompressoren durch eine bessere Leistungseffizienz aus, benötigen aber deutlich mehr Platz. Somit wird für große Dispersionen meistens ein Gitterkompressor genutzt, für kleinere Dispersionen ein Prismenkompressor.

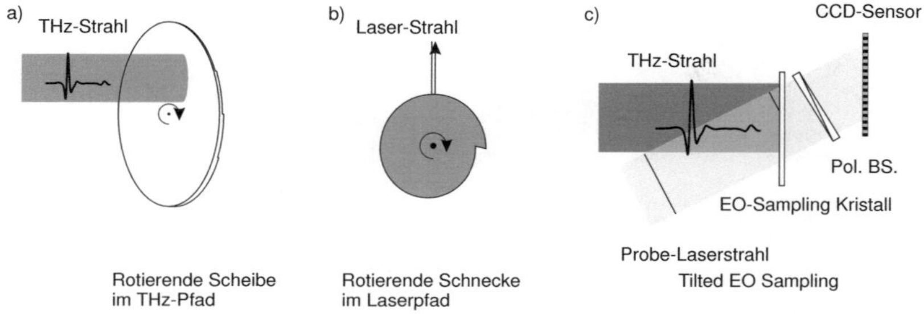

Abbildung 4.1: Verschiedene Konzepte zur schnellen Abtastung von THz-Pulsen.

Gerade bei der Telekom-Wellenlänge von 1550 nm existieren dispersionskompensierende Fasern (IDF, Inverse Dispersion Fiber) und dispersionsfreie Fasern (ZDF, Zero Dispersion Fiber). IDF zeichnet sich aufgrund ihres speziellen Brechzahlprofils im Vergleich zu üblichen Glasfasern durch eine starke normale Dispersion aus, die die anormale Dispersion normaler Quarzglasfaser ausgleicht. Üblicherweise wird ein Stück IDF vor die zu kompensierende Faserstrecke gelegt, um am Ende der Faser saubere Pulse zu erhalten.

IDF kann, wie die meisten anderen Dispersionskompensatoren auch, nur die Dispersion ersten Grades kompensieren. Bei längeren Faserstrecken, besonders breitbandigen Pulsen oder hohen Leistungen kann die Dispersion höheren Grades nicht mehr vernachlässigt werden. Somit ist eine ideale Dispersionskompensation häufig nicht mehr realisierbar.

Eine Möglichkeit, die Pulsenergie bei gleichbleibender Durchschnittsleistung zu senken und damit die Selbstphasenmodulation und die damit verbundene Dispersion höheren Grades zu senken, ist der Erhöhung der Repetitionsrate des Lasers.

4.1.3 Verzögerungseinheit

Zum Abtasten des Pulses wird eine Verzögerungseinheit (englisch Delay Line, DL) genutzt. Der klassische Aufbau, ein Retroreflektor auf einem Lineartisch, stößt bei einigen Anwendungen an seine technischen Grenzen. Zunächst muss der Freistrahlaufbau gegen Verschmutzung und Vibration geschützt werden. Um eine ausreichende Genauigkeit zu erreichen, muss ein relativ teurer Lineartisch mit niedrigen Toleranzen genutzt werden. Auch wenn ein stabiler Betrieb über Jahre hinweg möglich ist, sollten die Spiegel, die den Laserstrahl in der Delay Line lenken, regelmäßig überprüft und nachgestellt werden, weil sonst Leistungsschwankungen im Signal entstehen können. Erfahrungsgemäß reagiert der Detektor empfindlicher auf diese als der Emitter, weswegen bevorzugterweise der Emitterarm verzögert wird. Insbesondere Temperaturschwankungen und Transporte können der Justage schaden.

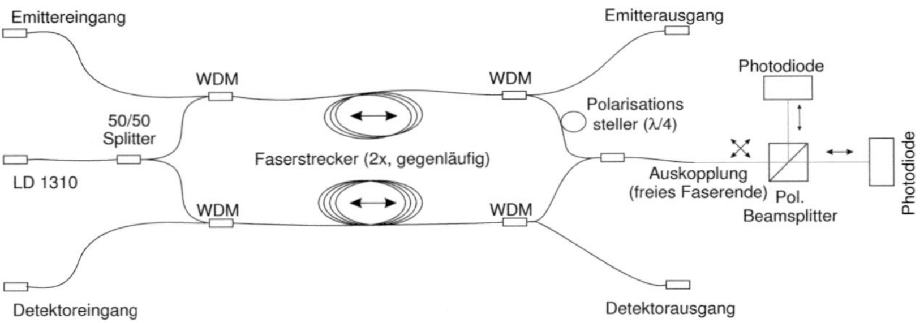

Abbildung 4.2: Vereinfachter schematischer Aufbau eines Faserstreckers mit interferometrischer Längenmessung. Im optischen Freistrahl ist die Polarisation der Laserstrahlen mittels Pfeilen angegeben.

Es gibt diverse alternative Ansätze, um die Verzögerungseinheit, eine Schlüsselkomponente für schnelle Messungen, zu verbessern. In [60] wird ein EOS-System (s. Kap. 2.4.4) modifizert, um die Datenaufnahme zu beschleunigen (Abb. 4.1, (c)). Der kollimierte THz-Strahl (dunkel) trifft zusammen mit einem verkippten Probe-Laserstrahl (hell) auf den EOS-Kristall. Die Phasenfront des Abtaststrahl trifft nicht mehr zeitgleich auf alle Punkte des Kristalls und die zeitliche Abtastung wird in eine räumliche Information übersetzt. Eine CMOS-Detektorzeile nimmt die Daten auf. Entsprechend wird der gesamte THz-Puls parallel aufgenommen, ohne eine mechanische Verzögerung zu nutzen. Somit ist die Datenaufnahme sehr schnell. Das Verfahren hat jedoch zwei entscheidende Nachteile. Zum einen braucht die EOS-Detektion im kollimierten Strahl eine sehr hohe Leistung und zum andern ist die Verzögerung begrenzt und durch den Kippwinkel des Kristalls festgelegt. Auch wurde bisher kein auf diesem Verfahren basierendes THZ-System vorgestellt, das den Ansprüchen des Industrieansatzes entspricht.

In [59] verzögert ein rotierender Stufenkeil aus HDPE den Terahertzstrahl (Abb. 4.1 (a)). Diese sehr kostengünstige, schnelle Variante ist jedoch aufgrund der groben zeitlichen Abtastung und dem vorhandenen Einfluss der veränderlichen Materialdicke nicht für spektroskopische Auswertungen geeignet. Sie eignet sich jedoch hervorragend für schnelle Messungen und für bildgebende Verfahren, für die meistens nur Informationen aus dem Zeitbereich wie Pulsposition und -amplitude benötigt werden.

Im optischen Freistrahl kann auch eine rotierende, reflektierende Schnecke genutzt werden (Abb. 4.1 (b)). Die Rotationsbewegung kann sehr schnell durchgeführt werden, die Verzögerung ist jedoch begrenzt und bauartbedingt festgelegt.

Für die hier gezeigten Versuche in Industrieumgebung wurde ein Faserstrecker eingesetzt, der zusammen mit der Firma TEM Messtechnik entwickelt wurde (Abb. 4.2). Hier wird die Verzögerung erzeugt, indem eine vorgespannte, aufgewickelte Glasfaser leicht gestreckt wird. Bei einer Streckung um 1% ändern sich die entscheidenden optischen Eigenschaften Brechungsindex und Absorption der Faser nicht signifikant und es treten auch bei längeren Belastungen keine nennenswerten Schädigungen auf. Eine dauerhafte Wechselbelastung in dieser Größenordnung könnte aber negative Auswirkungen auf die mechanischen Eigenschaften von Faser und Mantel haben, ein belastbarer Test hierzu steht noch aus, die Erfahrung stimmt jedoch beruhigt. Zur Streckung werden die Fasern zwischen 2 Walzen aufgewickelt, von denen eine auf einer exzentrisch drehenden Achse gelagert ist. Durch ein minimales Versetzen der Walze von der Mitte weg wird der Abstand zwischen den beiden Walzen minimal verändert, also das Signal verzögert. Wenn beide Faserarme des Systems im Gegentakt gedehnt werden, wird die Verzögerung verdoppelt. Für eine Verzögerung von 100 ps wird eine Faser von 15 m Länge benötigt, um die Längendehnung auf 0,1% zu beschränken.

Die momentane Länge der Faser muss kontinuierlich mit einem Interferometer vermessen werden. Das genutzte Quadraturinterferometer registriert Längenänderungen in beide Richtungen. Die nachgeschaltete Elektronik wird genutzt, um den Analog-Digitalwandler (ADC), der das Terahertz-Zeitsignal aufnimmt, zu takten. So nimmt der ADC die Daten zwar nicht zeitkonstant auf, dafür aber verzögerungskonstant bei jedem Interferenzring des Interferometers. Üblicherweise wird mit einem entsprechenden Zähler nur jeder sechzehnte Wert aufgenommen.

Mit einem Wavelength Division Multiplexer (WDM) wird ein Laserstrahl mit einer anderen Wellenlänge in beide Arme der Glasfaser eingebracht. Üblich ist es, bei einem 1550 nm-Terahertzsystem eine Interferometerwellenlänge von 1310 nm zu nutzen. Ein Polarisationssteller dreht die Polarisation eines Armes um $\lambda/4$, also 90°, die in einem 50/50-Splitter kombinierten Strahlen werden aus der Faser ausgekoppelt und mit einer 45°-Polarisation auf einen polarisationsabhängigen Strahlteiler geleitet. Die entstehenden, um 90° versetzten Interferometersignale werden jeweils auf eine Photodiode gegeben. Durch die zusätzliche Information lässt sich im Gegensatz zu einem klassichen Interferometer die Richtung der Längenänderung bestimmen.

Dieser Ansatz hat mehrere Vorteile gegenüber einer zeitkonstanten Aufnahme von Terahertzsignal und Streckerposition mit nachfolgender Linearisierung der Zeitachse.

- Zum einen muss zur sicheren Aufnahme des Zeitsignals der ADC deutlich (mindestens um den Faktor 2) schneller getaktet sein als die schnellstmögliche Signalfolge auf der Taktleitung. Bei einer verzögerungslinearen Taktung reicht ein geringer Sicherheitspuffer aus.

- Durch die hohe Aufnahmefrequenz ist eine anschließende Linearisierung rechenaufwendig. Insbesondere bei schnellen Systemen ist bereits die reine Speicherung ohne vorherige Bearbeitung der Daten eine Herausforderung für den Steuerrechner.

- Zusätzlich wird der Programmieraufwand der Datenaufnahme und -verarbeitung deutlich gesenkt.

Abbildung 4.3 verdeutlicht den Zusammenhang zwischen der linearen Verzögerung und einer zeitlinearen Datenaufnahme. Im unteren Graphen ist das sog. DA-Signal des Faserstreckers dargestellt. In diesem Signal wird der Zählerstand des Interferometers (also der

Länge in Vielfachen der Interferometerwellenlänge) eine Spannung zugeordnet. In dieser Darstellung ist die Spannung normiert. Der Nullpunkt des Digitalzählers wird knapp hinter dem Wendepunkt der Faserlänge (minimale Verzögerung) gesetzt. Dadurch generiert die Position hinter dem Nullwert (also der Wendepunkt) einen Überschlag des Zählers und damit die maximale Ausgangsspannung des DA-Wandlers, die als Triggersignal für die Aufnahme eines Terahertzpulses genutzt wird (In Abb. 4.3 unten als Rechtecksignal, das aus dem Bild geht gezeigt).

Der mittlere Graph zeigt das verzögerungslineare Triggersignal für die Datenaufnahme. Am Wendepunkt der mit der Zeit sinusförmig gestreckten Faserlänge ist die Datenaufnahme deutlich langsamer als in der Flanke. Der obere Graph zeigt einen Ausschnitt aus dem Zeitsignal. Man erkennt die sinusförmige Schwankung in der Länge der Impulse.

Das Positionssignal des Faserstreckers zeigt auch, wie unregelmäßig die Streckung ist. Die Sprünge im Signal deuten auf ein kurzzeitiges Verhaken der Walze mit einem anschliessenden Sprung hin. Das Interferometer ist in der Lage, dennoch ein funktionierendes Zeitsignal zu erzeugen.

Ein Faserstrecker kann abhängig von der verbauten Faserlänge für Verzögerungen bis zu einigen hundert Pikosekunden genutzt werden. Faserstrecker mit Piezoelementen bieten meistens kürzere Verzögerungen, können aber bei deutlich höheren Frequenzen eingesetzt werden. Die Lebenserwartung der Piezoelemente ist auch höher als bei den Mechaniken im motorgetriebenen Faserstrecker. Längere Verzögerungen sind mit sehr langen Fasern oder einer zu hohen Dehnung der Faser verbunden.

Eine schnelle Verzögerungseinheit eröffnet auch die Möglichkeit, mehrere Messsignale zu mitteln. Unter der Annahme gleichbleibender Signale erscheint es auf dem ersten Blick relativ egal, ob man sich für einen Puls eine Minute Zeit nimmt oder 6 Pulse zu jeweils 10 Sekunden aufnimmt. Der große Vorteil der zweiten Variante ist, dass man zusätzliche statistische Aussagen über das Signal treffen kann. Außerdem können viele schnelle Verzögerungseinheiten (u.a. Faserstrecker) nicht beliebig langsam betrieben werden, weswegen eine langsamere Messung verbunden mit einem besseren SNR nur über das Mitteln mehrerer Pulse machbar ist.

Bei Hin- und Rückweg der Faserstreckung wird jeweils ein Terahertzpuls aufgenommen. Bisher wird jedoch nur ein Puls pro Umlauf für die Datenauswertung genutzt. In Abbildung 4.4 sieht man den Grund dafür. Der Rückpuls (also der Puls, der beim rückwärtigen Abscannen entsteht, hier gespiegelt in grau über den Hinpuls gelegt) hat eine höhere Amplitude als der theoretisch identische Hinpuls. Beide Pulse weisen zwar prinzipiell dieselbe Pulsform auf, das parasitäre 25 GHz-Nachschwingen und die Wasseroszillationen sind annähernd identisch. Jedoch ist der Nach- bzw. Vorschwinger, der zeitlich nach dem Pulsmaximum liegt, jeweils deutlich geschwächt. Dies liegt wahrscheinlich an der Bandbreite des Vorverstärkers, der den steilen Flanken nicht schnell genug folgen kann. Ebenfalls zeigt aus ähnlichen Gründen der Rückpuls allgemein eine höhere Amplitude.

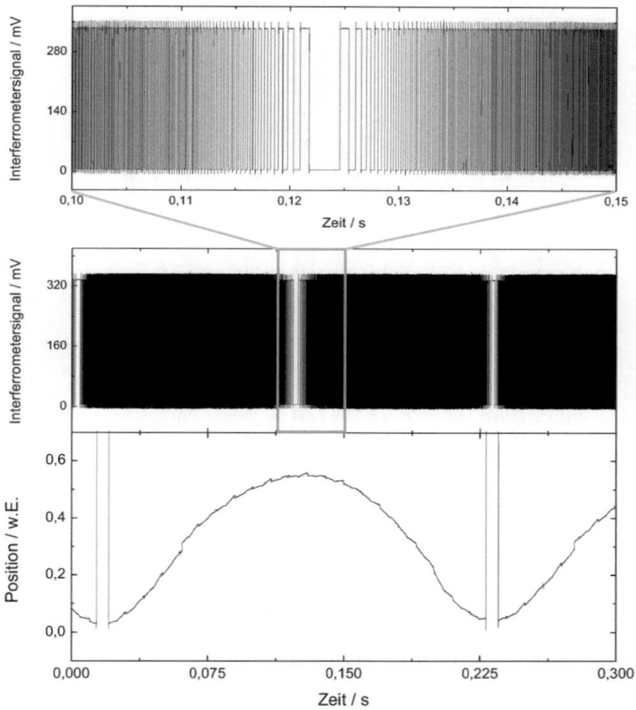

Abbildung 4.3: Verdeutlichung der nichtlinearen Verzögerung. Der untere Graph ist ein Maß für die momentane Länge der Glasfaser im Faserstrecker, im mittleren Bild ist das streckungslineare Interferometersignal dargestellt, oben ein Ausschnitt aus dem Signal. Die unteren beiden Graphen konnten technisch bedingt nicht zeitgleich aufgenommen werden, wodurch die Repetitionsrate leicht schwankt und die Signale nicht exakt synchron sind.

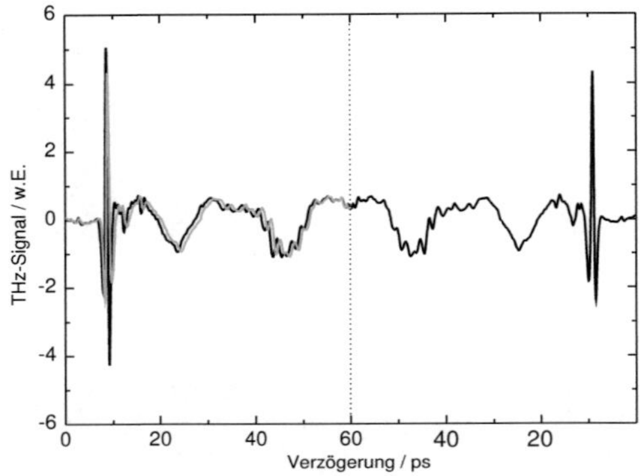

Abbildung 4.4: Vergleich von Hin-(schwarz) und gespiegeltem Rückpuls (grau) mit einem Faserstrecker.

4.1.4 Terahertzantennen

Ein entscheidender Faktor für die Signalqualität eines Terahertz-Systems ist das Halbleitermaterial, auf dem die Antennenstruktur aufgebracht ist. Es sollte bei einem hohen Dunkelwiderstand eine kurze Ladungsträgerlebensdauer und hohe Driftgeschwindigkeiten bieten. Seit der Erfindung der THz TDS wurden viele verschiedene Antennenmaterialien untersucht. Materialien mit kurzen Ladungsträgerlebensdauern für eine Anregungswellenlänge unterhalb von 900 nm basieren meistens auf GaAs mit entsprechend eingebrachten Fehlstellen zur Senkung der Ladungsträgerlebensdauer. Das bekannteste Material ist LT-GaAs, in dem durch einen Arsenüberschuss und eine tiefe Wachstumstemperatur von ca. 400 °C Störstellen entstehen, die zu einer schnellen Rekombination der Ladungsträger führt.

Die bevorzugte Anregungswellenlänge für Industrieanwendungen ist aufgrund der guten Verfügbarkeit von gepulsten Lasern und der relativ geringen Dispersion in Glasfasern bei dieser Wellenlänge 1550 nm. Ein klarer Nachteil ist jedoch, dass die bei kleineren Wellenlängen genutzten Materialien bei 1550 nm praktisch transparent sind, also keine Anregung von Ladungsträgern stattfindet.

Eine Beimischung von Indium erhöht die Absorptionswellenlänge, so dass ein Betrieb bei 1550 nm möglich ist. Allerdings erhöht das auch den Dunkelstrom des Materials, weswegen LT-InGaAs-Antennen sehr schlechte Signale liefern. Erst ein Multilayersystem mit InAlAs senkt den Dunkelstrom. InAlAs ist für 1550 nm transparent und praktisch nicht leitfähig. Durch eine hohe Konzentration von Elektronenfallen senkt eine Schichtung mit In-

AlAs den Dunkelwiderstand des Gesamtsystems. In den genutzten Antennen sind 100 Perioden eines InAlAs-InGaAs-Multilayer-Materials auf einem semiisulierenden InP-Substrat mittels MBE gewachsen [89].

Es gibt diverse alternative Materialsysteme, z.B. basierend auf ErAs/InGaAs-Materialien [90]. Alle Systeme haben die Idee gemein, durch eine Schichtung verschiedener Materialien den Dunkelstrom zu verringern.

Da auch die InGaAs/InAlAs-Struktur noch einen deutlich höheren Dunkelstrom zeigt als LT-GaAs, wird das leitfähige Material außerhalb der aktiven Zone weggeätzt. Die entstehende Mesa-Struktur senkt den Dunkelstrom, indem die Halbleiterfläche, in der ein Kriechstrom auftreten kann, minimiert wird.

Die Antennen werden vom Heinrich-Hertz-Institut in Berlin kommerziell als fasergekoppelte Module vertrieben. Die Faserkopplung wird über einen kleinen Freistrahlanteil mit einer passenden Fokussierlinse realisiert. Um die empfindlichen Chips vor Überspannungen und statischen Ladungen zu schützen, werden sie in den Modulen mit geeigneten Maßnahmen, z.B. Zenerdioden, gegen Überspannung geschützt.

Verhalten von Terahertzantennen bei Temperaturschwankungen

Halbleiterbauelemente reagieren grundsätzlich empfindlich auf Temperaturschwankungen. Dies gilt selbstverständlich auch für Terahertzantennen. Mit der Zahl der freien Ladungsträger steigt auch der Dunkelstrom und die Bandlücke schiebt zu niedrigeren Energien, also höheren Wellenlängen. Außerdem nimmt die Zahl der freien Ladungsträger mit der Temperatur zu.

Mehrere Autoren haben das Temperaturverhalten von Terahertzantennen untersucht [91]–[93]. In allen Publikationen wurden zur physikalischen Untersuchung der Antennen Messungen im Bereich deutlich unterhalb der Zimmertemperatur durchgeführt, um die Eignung der Antennen für Tieftemperaturmessungen zu testen oder um physikalische Materialeigenschaften der Antennensubstrate zu bestimmen. Hu [92] und Howells [93] nutzen einlagige Antennenmaterialien (LT-GaAs und InSb), in [91] wird ein ErAs/GaAs-Übergitter untersucht.

Auch wenn die oben genannten Studien mit ganz unterschiedlichen Materialien arbeiten, kommen sie doch zu sehr ähnlichen Ergebnissen. Bei höheren Temperaturen haben sie eine fallende Amplitude und eine Verschiebung des emittierten THz-Spektrums zu höheren Frequenzen beobachtet. Erklärt wird das mit einer Veränderung der Verarmungszone und der erhöhten Ladungsträgermobilität bei höheren Temperaturen.

Für die Messungen am Extruder ist mit einer relativ hohen Antennentemperatur im Bereich von 100 °C (ca. 370 K) zu rechnen. Die genannten Veröffentlichungen lassen erwarten, dass dies einen Einfluss auf die Messergebnisse hat. Da es bisher keine Erkenntnisse zur Temperaturcharakteristik der eingesetzten Strukturen bei Temperaturen oberhalb der

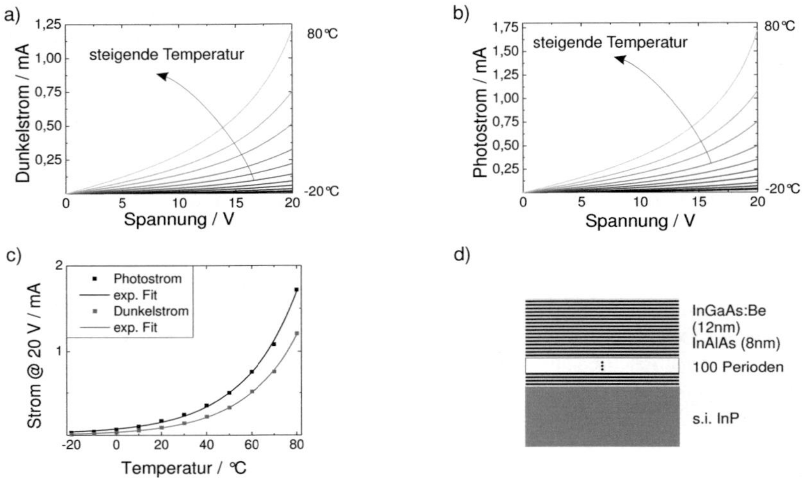

Abbildung 4.5: Strom-Spannungs-Kennlinien von InGaAs/InAlAs-Terahertzantennen bei verschiedenen Temperaturen. (a): Dunkelstrom, (b): Photostrom, (c): Dunkel- und Photostrom bei konstanten 20 V Vorspannung, 15 mW optischer Leistung und veränderlicher Temperatur, (d): Struktur des Materials.

Zimmertemperatur gibt, wurden diese in einer Klimakammer unter entsprechenden Bedingungen untersucht[i].

Hierzu wurden kommerzielle Antennenmodule (HHI, Stripline/Dipol-Paar mit 25 µm Gap) in einer Klimakammer vermessen. Das genutzte Material ist eine InGaAs/InAlAs-Multilayer-Struktur mit je 100 Schichten von InAlAs (8 nm dick) und InGaAs (12 nm). Die Antennen werden mit einem gepulsten Faserlaser bei 1550 nm angeregt, um der Situation des gepulsten THz-Betriebs möglichst praxisnah darzustellen. Die Pulse haben eine Bandbreite von ca. 160 nm (1470 - 1630 nm) und eine Pulsdauer von 76 fs, die Durchschnittsleistung beträgt ca. 15 mW an der Antenne.

Für diese Messungen stand lediglich ein Antennenpaar zur Verfügung und die verfügbare Messzeit war begrenzt, weswegen eine allgemeingültige Aussage nicht erreichbar war. Ebenfalls musste an einigen Stellen auf eine Wiederholung einer Messung zur Bestätigung der Ergebnisse leider verzichtet werden, allerdings sind die Ergebnisse zumindest für die gegebenen Antennen eindeutig.

Abbildung 4.5 zeigt die U/I-Kennlinie des Materials bei verschiedenen Temperaturen zwischen -20 °C und +80 °C am Antennengehäuse. Für diese Messungen wurde der Emitter

[i]Vielen Dank an Menlo Systems für die Bereitstellung einer Klimakammer und die Gastfreundschaft während der Messung.

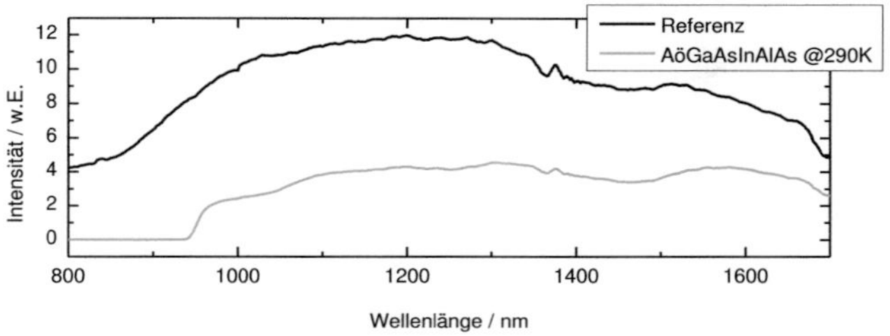

Abbildung 4.6: Referenz ohne Probe (schwarz) und Probenmessung bei 290 K (grau) der Absorption von AlGaAs/InAlAs Multilayer-Material. Das InP-Substrat absorbiert unterhalb von 950 nm sehr stark, der Messbereich des genutzten Spektrometers endet bei 1700 nm.

genutzt, da der Detektor bei einer Spannung in der Größenordnung von 3 V zerstört wird. Sowohl Dunkel- als auch Photostrom hängen wie erwartet ab einer gewissen Schwellspannung exponentiell von der Temperatur ab (Abb. 4.5 (a) und (b)). Dabei steigt der Photostrom schneller als der Dunkelstrom. Dies ist auf eine veränderte Absorption bei höheren Temperaturen zurückzuführen, wie im Folgenden gezeigt wird.

Um die Absorption des Materials genauer zu untersuchen, wurde sie im Wellenlängenbereich zwischen 800 und 1700 nm vermessen. Als Beleuchtung wurde eine breitbandige Weisslichtlampe verwendet. Ein stickstoffgekühlter Kryostat mit Quarzglasfenstern hat die Probe entsprechend temperiert. Ein optischer Spektrumanalysator (ANDO AQ-6315A) wurde für die Aufnahme der Spektren benutzt. Das Dunkelspektrum bei abgedunkelter Weisslichtlampe war über den gesamten Wellenlängenbereich mindestens 2 Größenordnungen kleiner als das Nutzsignal. Es wurde bei den Berechnungen von den Messdaten abgezogen.

Abbildung 4.6 zeigt das Referenzspektrum der Messung. Der genutzte optische Spektrumanalysator hat geeignete Sensoren für den Wellenlängenbereich von 350 bis 1700 nm. Durch die Umschaltung zwischen den verschiedenen Sensoren entstehen kleine Sprünge im Signal, die sich aber durch die Verrechnung von Referenz und Probe nicht nennenswert auswirken. Die obere Grenze der Messung ist durch den Spektrumanalysator gegeben, die untere Grenze liegt bei ca. 950 nm, der Bandkante des InP-Wafers, unter der praktisch keine Strahlung transmittiert wird.

Da die exakte Dicke des InP-Substrates und seine Eigenschaften nicht bekannt sind, kann sein Einfluss nicht vollständig betrachtet werden. An dieser Stelle soll es ausreichen, ein integrales αl der gesamten Struktur zu bestimmen:

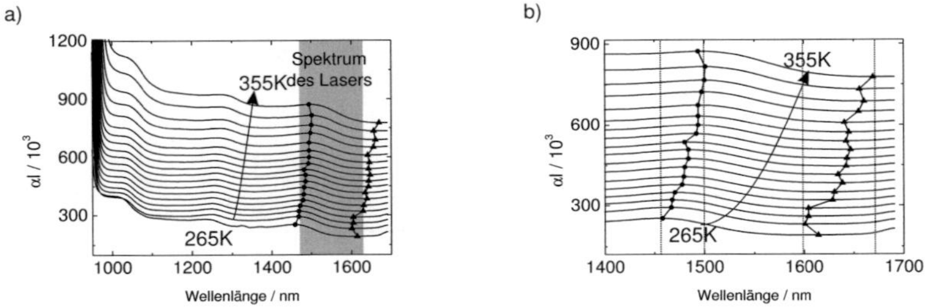

Abbildung 4.7: Absorption des genutzten Materials über der Temperatur, zur besseren Übersicht wurden die Graphen auf der y-Achse versetzt. Das Maximum um 1400 nm und das Minimum um 1600 nm sind mit Kreisen bzw. Dreiecken markiert.

$$I = I_0 e^{-\alpha l}$$
$$\alpha l = ln(\frac{I_0}{I}). \tag{4.2}$$

Abbildung 4.7 zeigt αl für verschiedene Temperaturen zwischen 265 und 355 K. Die lokalen Maxima in der Absorption sind Überbleibsel der Exitonenabsorption der Subbänder des Übergitters [94]. Zusätzlich sind für jede Temperatur das Nebenmaximum um 1450 nm (Kreise) und das absolute Minimum (Dreiecke) der Absorption gezeigt. Beide Markierungen wandern mit steigender Temperatur zu höheren Wellenlängen hin. Durch die flache Absorptionskurve zeigen sich vor allem bei den Minima relativ viele Ausreißer, die Tendenz ist allerdings deutlich erkennbar.

Das lokale Absorptionsmaximum, das bei Zimmertemperatur unterhalb der Anregungswellenlänge liegt, schiebt bei höheren Temperaturen in den genutzten Bereich. Die dadurch steigende Gesamtabsorption führt zu einer Verbesserung des Terahertzsignals.

Der Verlauf der Absorptionskurve zeigt allerdings auch klar, dass die Aussage „höhere Temperaturen führen zu einem besseren Signal“ für Terahertzantennen nicht allgemeingültig ist und nur für Antennen mit exakt der hier gegebenen Schichtung gilt. Eine etwas andere Schichtdicke im Material oder eine andere Anregungswellenlänge könnte zu einer konstanten oder gar fallenden Absorption mit der Temperatur führen. So würden die hier untersuchten Antennen bei einer Zentralwellenlänge von 1450 nm, also beim Absorptionsmaximum bei Zimmertemperatur, mit höheren Temperaturen eine geringere Absorption zeigen und somit wahrscheinlich auch schlechter funktionieren als bei niedrigeren Temperaturen.

Um die Auswirkungen der Temperatur auf das Terahertzsignal zu bestätigen, wurde ein Terahertzsystem in einer Klimakammer aufgebaut (Abbildung 4.8). Somit ist es möglich,

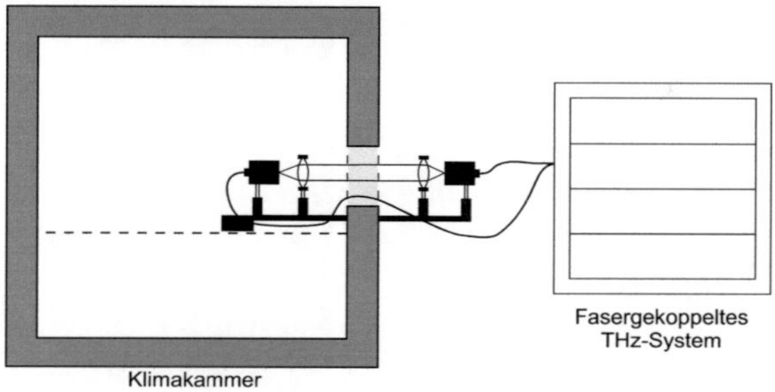

Abbildung 4.8: Als Test für die Temperaturbeständigkeit von Terahertzantennen wurde eine Antenne eines Systems in einen Klimaschrank eingebaut.

die Temperatur einer Antenne zu variieren während die andere Antenne bei einer konstanten Temperatur gehalten wird. Als Fenstermaterial wurde thermisch gut isolierender Polystyrol-Schaum genutzt. PS-Schaum zeigt aufgrund seiner geringen Dichte eine sehr geringe Absorption im Terahertzbereich, insbesondere im Bereich unter 2 THz. An dieser Stelle wird angenommen, dass das Fenster eine konstante Transmission über der Temperatur hat.

Abbildung 4.9 zeigt 2 Terahertzpulse, die mit dem Detektor in der Klimakammer aufgenommen wurden (a) und ihr Spektrum (b). Der zeitliche Versatz zwischen den beiden Signalen entsteht durch die Temperaturänderung der Detektorfaser in der Klimakammer (s. Kapitel 4.1.5) und wird hier nicht weiter betrachtet. Ebenfalls werden mögliche Effekte durch eine Verstimmung der Linsen, also die Änderung im Brechungsindex und der Dicke der HDPE-Linsen, nicht beachtet. Eine Dejustage durch eine temperaturbedingte mechanische Drift der Komponenten scheint ebenfalls vernachlässigbar zu sein.

Man erkennt deutlich, dass die Signalamplitude mit der Temperatur zunimmt. Dies steht auf dem ersten Blick im Kontrast zu den Beobachtungen aus den eingangs vorgestellten Studien [91]–[93], ist jedoch durch die höhere optische Absorption bei höheren Temperaturen erklärbar.

Zusätzlich sieht man in Abb. 4.9 (b), dass sich im Frequenzbereich zwischen 500 GHz und 1 THz eine leichte Verbreiterung im Spektrum andeutet, die auch in vorhergehenden Untersuchungen gezeigt wurde ([91]–[93]).

Abbildung 4.10 zeigt das Verhalten von Amplitude und SNR über der Temperatur. Hier wurden beide SNR-Definitionen aus Kapitel 2.4.1 genutzt, also das SNR im Frequenz- und Zeitbereich. Man sieht sowohl beim Frequenz-SNR als auch der Amplitude ein praktisch konstantes Verhalten bis ca. 310 K (35 °C), gefolgt von einem linearen Anstieg. Insgesamt zeigt die untersuchte Antenne bei der erhöhten Temperatur von 345 K ein um 6 dB besseres SNR und eine um einen Faktor von fast zwei höhere Amplitude. Die Emitterantenne zeigt ein ähnliches, jedoch schwächer ausgeprägtes Verhalten. Allgemein ist der Einfluss der Detektorseite auf das Gesamtsystem stärker als der der Emitterseite.

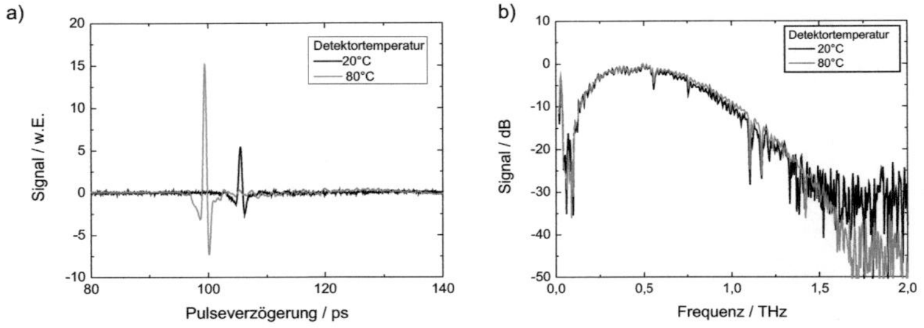

Abbildung 4.9: Terahertzpulse bei verschiedenen Temperaturen an der Detektorantenne und sonst gleichbleibenden Rahmenbedingungen. Die Spektren sind jeweils auf ihrem höchsten Wert normiert, bei beiden 493 GHz. Der zeitliche Versatz der Pulse entsteht durch die temperaturbedingte Brechzahländerung der Glasfaser in der Klimakammer.

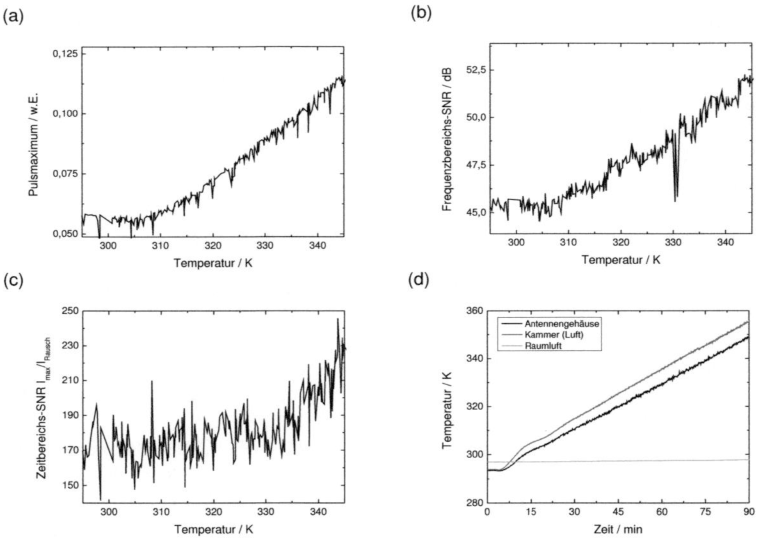

Abbildung 4.10: Das Signal einer Detektorantenne über der Temperatur (a) Pulsamplitude, (b) Frequenzbereichs-SNR, (c) Zeitbereichs-SNR (s. Kap. 2.4.1) (d) Temperaturprofil.

Das Frequenzbereichs-SNR zeigt ein sehr ähnliches Verhalten. Der kurze Einbruch um 330 K ist auf einen Ausfall des Vorverstärkers zurückzuführen. Das SNR ist ebenfalls bis 310 K stabil und steigt dann linear, bis es bei 345 K (80 °C) um 7 dB über dem Ausgangswert liegt.

In Abb. 4.10 (d) ist die Temperatur über der Messung gezeigt. Neben der Temperatur des Antennengehäuses (schwarz) und der Innenluft des Gehäuses (dunkelgrau) sieht man die konstante Außentemperatur (hellgrau). Bei den gezeigten Graphen wird jeweils angenommen, dass Antennenchip und -gehäuse dieselbe Temperatur haben.

Aus den Messungen von Dunkel- und Photostrom ist bekannt, dass die Temperatur des Antennenchips sich innerhalb weniger Minuten an die Temperatur des Antennengehäuses anpasst. Entsprechend reicht es aus, die Außentemperatur des Antennenmoduls zu messen. Solange die Temperatur der Klimakammer mit einer konstanten Temperaturrampe verändert wird (genutzt wurde eine Rampe von 10 K in 15 Minuten), existiert zwar ein Temperaturunterschied zwischen Gehäuse und Chip, dieser ist jedoch praktisch konstant. Lediglich die ersten Minuten der Messung müssen diesbezüglich kritisch betrachtet werden, da das System noch nicht im Gleichgewicht ist. Die Kennlinienmessung, bei der diskrete Temperaturstufen angefahren wurden können hier zur Abschätzung der Zeitspanne, die benötigt wird, bis sich die Temperaturen angeglichen haben, genutzt werden. Dabei hat es sich gezeigt, dass die Antennenchips bei Sprüngen um 5 K deutlich unter 10 Minuten die Temperatur des Gehäuses annehmen.

Entsprechend kann ausgeschlossen werden, dass die konstante Antwort des Signals auf die Temperaturänderung zwischen 290 und 310 K auf eine träge Reaktion des Materials zurückzuführen ist. Verschiedene Effekte heben sich hier gegenseitig auf und erzeugen das konstante Signal. Für eine genauere Beschreibung werden weitere Untersuchungen benötigt, zum Beispiel wurde die Ladungsträgerlebensdauer an dieser Stelle nicht untersucht, aus der Literatur ist aber bekannt, dass sie mit der Temperatur steigt.

Zusammenfassend kann gesagt werden, dass das Antennenmaterial in einem breiten Temperaturbereich gut funktioniert. Jedoch sollte man darauf achten, dass die Temperatur innerhalb einer Messkampagne konstant bleibt. Kleine Änderungen im Antennenmaterial, insbesondere der Schichtfolge, führen bereits zu signifikanten Änderungen im Verhalten, weswegen die hier gemachten Aussagen nur für diese konkrete Materialmischung gelten. Durch ein geschicktes Legen der Absorptionspeaks über der Wellenlänge sollte es möglich sein, die Temperaturabhängigkeit des Antennenmaterials zu minimieren oder das Signal bei Zimmertemperatur zu verbessern.

4.1.5 Glasfasern

Freistrahloptisch aufgebaute Terahertzsysteme zeigen deutliche Einschränkungen in ihren Einsatzmöglichkeiten. Viele komplexe Messlösungen wie winkelaufgelöste Reflexionsmessungen [95], Tomographiemessungen [96] oder die Integration in einen industriellen

Fertigungsprozess [97], [98] können erst durch die flexible Anbindung der Terahertzantennen über Glasfasern realisiert werden.

Gepulste Faserlaser mit Erbium-dotierter Pumpfaser emittieren bei Wellenlängen um 1550 nm. Die Telekommunikationswellenlänge bietet eine relativ geringe Dispersion in Glasfasern, etablierte Verstärkerfasern und kostengünstige Faserkomponenten wie Splitter, WDM (Wave Division Multiplexer, aber auch dispersionskompensierende Fasern, die es nur für wenige Wellenlängenbereiche gibt) und nicht zuletzt preisgünstige Fasern aus der Telekommunikations-Massenfertigung.

Polarisationserhaltende Glasfasern

In mehreren Publikationen, u.a. [91], wurde eine deutliche Abhängigkeit der Terahertz-Signalamplitude von der Polarisation des einfallenden Laserstrahls, insbesondere am Detektor, beobachtet. Je nach Quelle sind Amplitudenschwankungen zwischen 15 und 20% angegeben. Dieser Effekt wurde schon in verschiedenen Antennenmaterialien, Metallisierungsstrukturen und bei Antennen mit und ohne Mesa-Strukturierung beobachtet. Auch bei Antennenmodulen, die mit den im weiteren genutzten vergleichbar sind, wurden entsprechende Effekte beobachtet.

In [99] wird die Absorption von mit hohen Spannungen vorgespanntem LT-GaAs in Abhängigkeit der Polarisation des Eingangssignals gemessen. Die Autoren erklären die Änderungen in der Absorption mit unterschiedlichen Oszillationsperioden der Franz-Keldysh-Absorption (FK-Absorption). Abgesehen von der Tatsache, dass in dieser Quelle keine Quantenfilmstruktur genutzt wird, gibt es ein weiteres Problem zur Erklärung der Leistungsschwankungen in Terahertz-Antennen. Wäre der Effekt auf FK-Absorptionen zurückzuführen, dürfte er nur im vorgespannten Emitter auftreten. Allerdings tritt der Polarisationseffekt auch im nicht vorgespannten Detektor auf und ist dort sogar stärker als im Emitter. Das Feld einer einfallenden Terahertzwelle dürfte in jedem Fall zu gering sein, um vergleichbare Effekte hervorzurufen.

In [100] wird die Leitfähigkeit von GaAs/AlGaAs-Quantenfilmen in Abhängigkeit von der Polarisation des einfallenden Lichtes untersucht. Die Kristalle sind (001)-orientiert. Gemessen wird die Leitfähigkeit an lateral kontaktierten Mesa-Strukturen. Der Aufbau hat also abgesehen vom Material hohe Ähnlichkeit mit den genutzten THz-Antennen. Der Effekt ist im untersuchten Wellenlängenbereich (1,5 eV bis 1,65 eV, also ca. 750 nm bis 830 nm Wellenlänge, im Bereich der Bandlücke von GaAs) so stark, dass die Autoren die Strukturen als polarisationssensitive Photodetektoren empfehlen.

Arora et al. [100] erklären die Anisotropie der photoinduzierten Leitfähigkeit durch mechanische Spannungen im Kristallgitter. Das Wachstum und die Mesa-Strukturierung ergeben eine mechanische Anisotropie. Die kurze Ladungsträgerlebensdauer von Terahertzantennen stammt üblicherweise von Störstellen im Material. Über einem großen Volumen ist die Störstellendichte gleichverteilt anzunehmen, allerdings ist das aktive, vom Laser angeregte Volumen sehr klein (im Bereich von $10^{-10}\,\mathrm{cm}^3$) und somit die Defektverteilung in diesem Bereich nicht mehr statistisch beschreibbar.

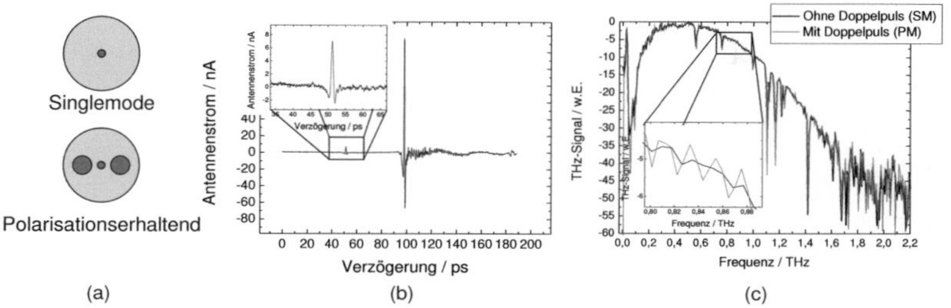

Abbildung 4.11: Doppelpulsbildung durch polarisationserhaltende Glasfasern: (a) Unterschied zwischen Singlemode und Polarisationserhaltende Faser, (b) Zeitsignal mit Doppelpuls und (c) Auswirkung des Doppelpulses auf das Signalspektrum

Da die Ausgangspolarisation von Singlemode-Glasfasern (SM-Glasfasern) nicht festliegt und die Polarisation durch den nichtlinearen Brechungsindex an Biegungen in der Faser abhängt, kann die Lage einer Glasfaser Einfluss auf das Signal haben. Damit 2 Messungen miteinander verglichen werden können, dürfen die Fasern zwischen ihnen ihre Lage nicht verändern.

Die Ursache des Effektes abschließend zu untersuchen und laserpolarisationsunabhängige Antennen herzustellen dürfte eine längere Forschungsarbeit mit mehreren Teststrukturen benötigen. Alternativ bietet sich der Einsatz von polarisationserhaltenden (PM) Fasern an, die durch eine bewusst eingebrachte Doppelbrechung die Polarisation fixieren. Den Aufbau einer PM-Faser in der sogenannten PANDA-Bauform sieht man in Abb. 4.11 (a). Die beiden Nebenkerne der Faser erzeugen mechanische Spannungen, die die geführte Welle in einer festen Polarisation fixieren. Solange die Doppelbrechung dieser Struktur höher ist als eine biegungsinduzierte Doppelbrechung, kann der Effekt der biegungsbasierten Doppelbrechung vernachlässigt werden. Die runden Nebenkerne lassen sich im Vergleich zu anderen Formen sehr einfach herstellen, technisch sind aber auch andere Formen denkbar. Aufgrund der Doppelbrechung sind in den beiden Faserachsen unterschiedliche Ausbreitungsgeschwindigkeiten zu beobachten, man spricht von *Slow axis* (Polarisation waagerecht zu den Nebenkernen) und *Fast axis* (senkrecht zu den Nebenkernen, in Abb. 4.11 (a) senkrecht). Bei der Verwendung von FC/PC-Steckern ist üblicherweise die Slow axis mit der Steckernase ausgerichtet.

Wird ein Puls zwischen den beiden Achsen eingekoppelt, kann man ihn in die beiden Teilpolarisationen aufgeteilt betrachten. Durch den Laufzeitunterschied wird es am Ende einer längeren Faser einen Doppelpuls geben (Abb. 4.11 (b)), der sich im Spektrum des Signals als Oszillation zeigt. Abbildung 4.11 (c) zeigt das Spektrum eines Doppelpulses und des Hauptpulses ohne den Vorpuls, wofür das Signal vor der Fouriertransformation bei 80 ps abgeschnitten wurde. Die Stärke des Vorpulses hängt vom Winkelfehler bei der

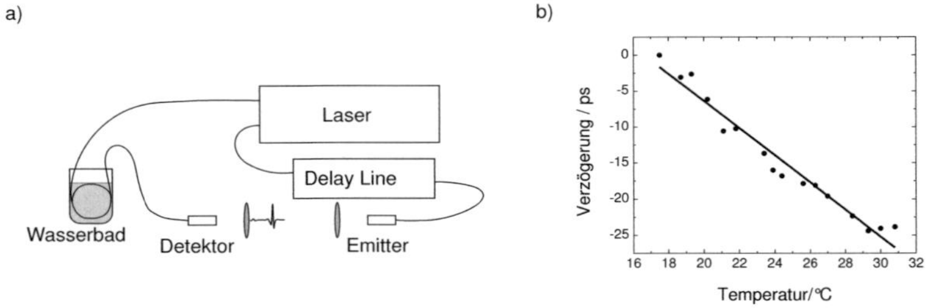

Abbildung 4.12: Temperaturanfälligkeit von fasergekoppelten Terahertzsystemen (a): Aufbau mit der Emitterfaser in einem Wasserbad und (b) Messergebnisse bei einem 10 m langem Faserabschnitt in Wasser.

nenten im System ausreichend präzise auf die Polarisation justiert sind, bei kommerziell verfügbaren Patchcords und Faserkopplern ist eine Genauigkeit von 1° eine übliche und ausreichende Toleranz, sind die auftretenden Doppelpulse ähnlich einflussarm wie in Abb. 4.11 und können meistens vernachlässigt werden. Liegen die Pulse, wie im Beispiel, weit genug auseinander, kann der Vorpuls einfach abgeschnitten werden bzw. gar nicht erst aufgenommen werden. Alternativ können auch Polarisationsfilter zur Auslöschung der ungewollten Achse eingesetzt werden. Insgesamt bedarf der Einsatz von PM-Fasern zwar einer gewissen Sorgfalt, er ist aber für Anwendungen, bei denen die Glasfasern nicht im Aufbau fixiert sind, empfehlenswert.

Temperaturverhalten der Glasfasern

Der Brechungsindex von Glasfasern aller Bauarten ist temperaturabhängig. Er fällt mit steigender Temperatur, entsprechend sinkt die Laufzeit des Signals in der Faser. Um diesen Effekt zu untersuchen, wurde eine 10 m lange Faser (SMF28 für 1550 nm Betriebswellenlänge) eines fasergekoppelten Terahertzsystems in ein temperiertes Wasserbad gegeben. Die Temperatur wurde schrittweise von 32 °C auf 17 °C gesenkt. Bei jedem Schritt wurde ausreichend lange gewartet, um sicherzustellen, dass der Faserkern dieselbe Temperatur hat wie das umgebende Wasser.

Abbildung 4.12 (a) zeigt den Aufbau mit dem Faserarm im Wasser. Die restlichen Glasfasern wurden flach auf dem optischen Tisch gelagert, was für eine stabile Temperatur sorgt. Abbildung 4.12 (b) zeigt die Abhängigkeit der Laufzeit im System von der Temperatur im Detektorarm.

Die zusätzliche Verzögerung hängt linear vom Temperaturunterschied zwischen den beiden Fasern ab und beträgt 180 $\frac{fs}{K\,m}$. Eine gleichmäßige Erwärmung des gesamten Raums und beider Fasern hat keinen Einfluss auf das Signal. Eine Abhängigkeit der Terahertzpulsform von der Fasertemperatur konnte nicht festgestellt werden. Somit ist die Brechzahländerung zumindest im getesteten Temperaturbereich und der Bandbreite der Laserpulse nicht Wellenlängenabhängig. Allerdings könnte eine Temperaturänderung in den Fasern eine Abstands-, Dicken- oder Brechungsindexmessung verfälschen, weil alle diese Messungen direkt oder indirekt die Laufzeit eines Signals auswerten.

Um dieser Fehlerquelle entgegenzuwirken, sollten einige einfache Gegenmaßnahmen beachtet werden:

- Regelmäßige Referenzen können genutzt werden, um einen auftretenden Drift zu bestimmen und rechnerisch zu korrigieren,
- Lange Faserstrecken sollten vermieden werden. Dort, wo sie unvermeidbar sind sollten beide Arme dicht beieinander geführt werden. Eine gemeinsame Isolierschicht ist hilfreich,
- Lange Fasern, die nicht mit dem anderen Arm zusammengeführt werden können, sollten aktiv temperiert werden.

Die lange Faser im Faserstrecker ist unanfällig gegenüber diesen Einflüssen, weil die beiden Fasern in einem geschlossenen Gehäuse bei annähernd gleicher Temperatur liegen. Außerdem wird über das Interferometer die momentane effektive Länge gemessen, weswegen selbst eine Temperaturdrift keinen Einfluss auf die Messung hätte.

4.2 Genutzte Systeme

In den vorhergehenden Unterkapiteln wurde kurz angerissen, welche Anforderungen an ein Terahertzsystem für den industriellen Einsatz gestellt werden und wie man diese erfüllen kann. Es ist auch klar geworden, dass es kein System gibt, das für alle Aufgaben ideal geeignet ist. Entsprechend wurden bei den folgenden Messungen verschiedene Aufbauten genutzt. Da Systementwicklung und Messungen einander beeinflussen, wurden die Systeme zwischen den verschiedenen Messungen immer wieder verändert. Im Folgenden sollen die Systeme mit ihren Haupteigenschaften vorgestellt werden. Tabelle 4.1 zeigt eine kurze Zusammenfassung der Systeme.

4.2.1 Freistrahl-System

Ein Freistrahl-System mit einem Ti:Sa-Laser (Spectra Physics Tsunami), der sehr kurze Pulse von deutlich unter 70 fs liefert wird für möglichst exakte Messungen im Labor genutzt. Der Aufbau entspricht weitestgehend dem in Kapitel 2.4.1 beschriebenen. Das Freistrahlsystem liefert ein Spektrum von bis zu 4,5 THz. Der auf 4 Off-Axis-Parabolspiegeln basierende Terahertzpfad kann bei Bedarf mit Stickstoff geflutet werden. Der Stickstoff unterdrückt die sogenannten Wasserlinien, also Absorptionslinien durch die Luftfeuchtigkeit. Eine lange Verzögerungsstrecke ermöglicht die Aufnahme von Echopulsen, die für eine

Tabelle 4.1: Auflistung der in dieser Arbeit genutzten Terahertzsysteme mit ihren wichtigsten Eigenschaften.

Name	Anregungs-wellenlänge	Verzögerungseinheit	Geschwindigkeit	Bemerkungen
Freistrahl	780 nm	Lineartisch	1 Puls/min	nicht feldtauglich
Fasersystem 1	1550 nm	Faserstrecker 188 ps	10 Pulse / s	–
Fasersystem 2	1550 nm	Lineartisch	2 Pulse / min	1 m Faser
Fasersystem 3	1550 nm	Lineartisch	2 Pulse / min	40 m Faser
Fasersystem 4	1550 nm	Faserstrecker 82 ps	10 Pulse / s	Mit Extrudersonde, LI-Verstärker

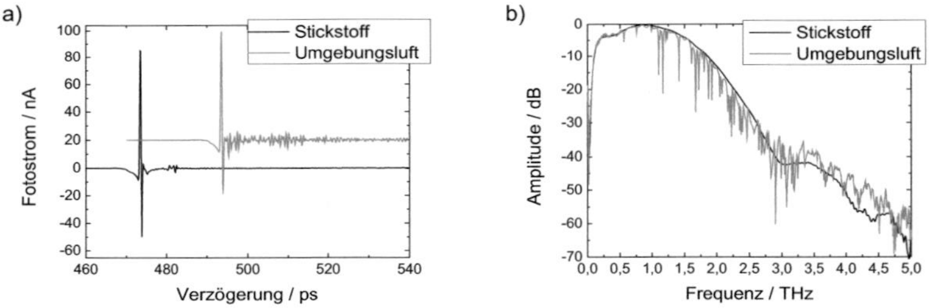

Abbildung 4.13: (a) Zeitsignal und (b) Spektrum des Freistrahlsystems in Luftatmosphäre (grau) und Stickstoff (schwarz). Die Zeitbereichsdaten wurden für eine bessere Darstellung versetzt.

simultane Auswertung von Dicke und Brechungsindex notwendig ist. Das System liefert sehr gute, rauscharme Daten, ist dabei aber relativ langsam. Eine Probe mit 6 Messungen für eine statistische Auswertung und den entsprechenden Referenzen aufzunehmen dauert ca. 30 Minuten. Aufgrund der guten Datenqualität bietet sich das System für Referenzmessungen an. Die relativ lange Messzeit und der empfindliche Aufbau machen Messungen außerhalb des Laserlabors unmöglich.

Abbildung 4.13 zeigt das Signal und Spektrum des Systems bis 4,5 THz und den Einfluss der Stickstoffatmosphäre, die die Wasserlinien unterdrückt. Im Zeitbereich sieht man, dass die Nachschwinger deutlich kleiner sind, ebenfalls steigt die Amplitude des Hauptpulses leicht an.

4.2.2 Fasergekoppeltes System 1

Dieses kompakte System wurde für die Temperaturmessungen in Kapitel 4.1.5 eingesetzt. Das System ist durch einen Faserlaser (Menlo Systems T-Light bei 1550 nm) sehr stabil.

Ein Faserstrecker bietet eine Verzögerung von 188 ps. Durch den Einsatz von fasergekoppelten Antennen können verschiedene Messgeometrien aufgebaut werden. Das System liefert mit einer Geschwindigkeit von ca. 10 Hz Rohpulse, wenn man 20 dieser Pulse mittelt erhält man je nach genutzten Antennen und Terahertzstrecke ein SNR von ca. 40 dB. Das System wurde für spezialisierte Messungen im Bereich der Sicherheitstechnik entwickelt, es lässt sich aber auch gut für bildgebende Messungen einsetzen.

Das System ähnelt im Aufbau abgesehen von der längeren Verzögerungsstrecke über große Strecken dem in dieser Arbeit entwickelten (Kap. 4.2.4), es wurde unter anderem während einer Umbauphase des Hauptsystems (System Nr. 4) eingesetzt.

4.2.3 Fasergekoppelte Systeme 2 und 3 mit Freistrahl-Verzögerung

Im Gegensatz zu den anderen fasergekoppelten Systemen ist in diesem System eine freistrahloptische Verzögerung eingebaut. Damit verbunden ist das System zwar langsamer als die anderen, kann allerdings auch mit einer hohen Datenqualität betrieben werden und hat eine einstellbare, lange Verzögerung, bei der auch Echopulse mit aufgezeichnet werden können. Als Laser kommt ebenfalls ein Menlo System T-Light bei 1550 nm Betriebswellenlänge zum Einsatz. Die Fasern sind hier nur ca. 5 Meter lang, was aber für einen flexiblen Einsatz ausreicht. In Verbindung mit einer zweidimensionalen Verschiebeeinheit für die Probe wurde das System für bildgebende Messungen eingesetzt.

Bei den hier gezeigten Messungen mit diesem System wurden Bowtie-Antennen genutzt, die zwar eine relativ geringe Bandbreite von ca. 600 GHz aufweisen, jedoch viel Leistung im niedrigen Frequenzbereich bis zu 100 GHz bieten. Im Vergleich dazu sind Dipol/Stripline-Antennen zwar breitbandiger, das nutzbare Signal beginnt typischerweise aber auch erst bei ca. 300 GHz.

Ein ähnliches System wurde für die Messungen in Kapitel 4.1.5 genutzt, allerdings sind die Faserzuleitungen der Antennen in diesem System 40 m lang, um möglichst flexible Messaufbauten zu ermöglichen. Dadurch bietet dieses System genug Faserstrecke, um ein langes Stück Faser kontrolliert in einem Wasserbad zu temperieren.

4.2.4 Fasergekoppeltes System 4: Für die Inline-Messungen entwickeltes System

Für die im Folgenden präsentierten Inline-Messungen wurde ein angepasstes Terahertz-System entwickelt (s. Abb. 4.14). Dieses System erlaubt mit einem Faserstrecker eine Datenaufnahmefrequenz im Bereich von 6 bis 15 Hz, wobei sich aufgrund der Natur der Proben eine Datenaufnahmefrequenz im unteren Bereich als sinnvoll erwiesen hat. Durch die Störeinkopplung aus dem Elastomerextruder ist es notwendig, an dieser Stelle auf einen Lock-In-Verstärker zurückzugreifen, was sich deutlich positiv auf die Datenqualität auswirkt. Die erste Verstärkerstufe wurde in den ersten Versuchen möglichst nah (weniger als

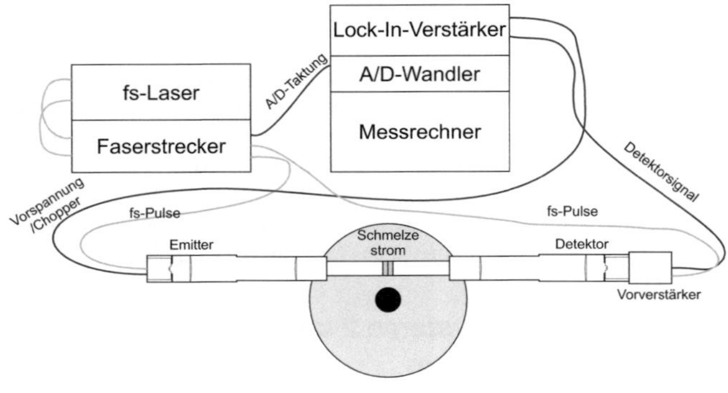

Abbildung 4.14: Aufbau des genutzten Systems. Glasfasern sind in grau dargestellt, Kabel in schwarz.

10 cm Kabel) an die Antenne gebracht. Weitere Versuche haben jedoch gezeigt, dass ein übergangsloses Kabel von 5 m Länge keinen nennenswerten Einfluss auf die Datenqualität hat, jedoch Steckverbindungen sich deutlich negativ auf die Datenqualität auswirken. Somit kann ein Verstärker im Systemrack, zum Beispiel der im Lock-In-Verstärker integrierte, genutzt werden, was viele Probleme beim Aufbau löst.

Ein Faserstrecker mit einer Streckung von 82 ps sorgt für die Verzögerung. Die Faserstrecken sind bis auf den letzten Meter vor der Antenne, die vom Zulieferer als SM-Faser gefertigt wird als PM-Faser ausgelegt.

Um das Terahertzsystem im Extruder zu integrieren, wurden die Antennen und die Terahertzstrecke in zwei Metallrohren untergebracht (Abbildung 4.15). Die Linsen zur Fokussierung und Kollimation haben einen Durchmesser von 1 Zoll (ca. 25,4 mm), um eine kompakte Bauform zu ermöglichen. Das System ist auf eine Freistrahllänge von ca. 40 cm ausgelegt, um einen ausreichendem Abstand zwischen dem warmen Extruder und den Antennen sicherzustellen. Die Positionen der Linsen können mittels Feingewinden nachjustiert werden. Da eine millimetergenaue Anpassung der Glasfaserlänge sehr anspruchsvoll ist, wurde die Länge der Terahertz-Freistrahlstrecke durch ein Gewinde feinjustierbar ausgelegt.

Um die Fokussierlinsen vor den hohen Temperaturen am Extruder zu schützten, werden Linsen mit einer Brennweite von 100 mm genutzt. Der Extruder selber kann durch die Reibung der Kautschukmischung bis zu 100 °C heiß werden. Die Kollimierlinsen haben eine Brennweite von 30 mm, was eine gute Annäherung an die numerische Appertur der Antennenmodule ergibt.

Die lange Brennweite der Fokussierung sorgt gleichzeitig für einen weichen Fokus. Das kann sinnvoll sein, wenn größere Agglomerate in der Mischung vorhanden sein können und dürfen. Durch die große Fokusfläche beeinflussen die Agglomerate das Signal weniger

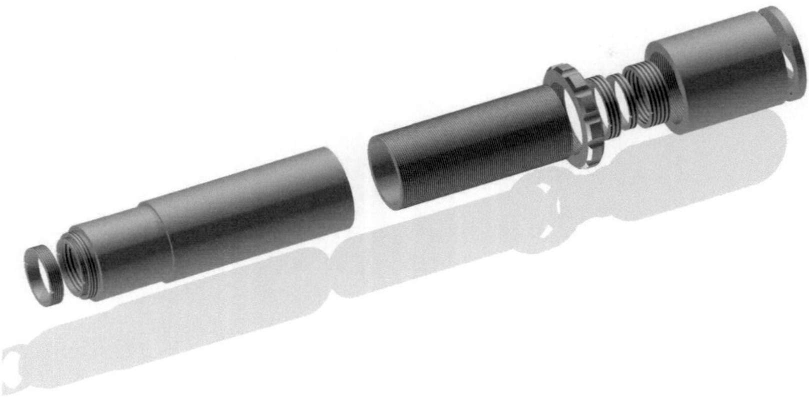

Abbildung 4.15: Explosionszeichnung der Messsonde

stark, da eine größere Fläche durchstrahlt wird. Ist eine explizite Detektion der Dispergierung gefragt, sollten Linsen mit einem harten Fokus genutzt werden.

Die Gesamtlänge der Sonden beträgt jeweils ca. 22 cm, wie in Kapitel 6 zu sehen ist, reicht das allerdings nicht aus, um die Antennen vor hohen Temperaturen zu schützen. In Kapitel 4.1.4 wird der Einfluss der Temperatur der Antennenchips untersucht. Für weitere Messungen wird eine aktive Kühlung, z.B. mit Wasser empfohlen.

Um den spezifizierten Abstand von 8 m zwischen dem Terahertzsystem und der Sonde zu gewährleisten, wurden die Zuleitungen auf eine Länge von 12 m ausgelegt. Das Signal wird mit einem Faktor von $10^8\,V/A$ verstärkt, also erzeugt ein Signal von 1 nA eine Spannung von 100 mV am A/D-Wandler.

5 Terahertzprüfungen an Polymeren und Elastomeren

Um die Möglichkeiten, die die Terahertztechnik für die Elastomerprüfung bietet, zu demonstrieren, wurden im Vorlauf der in Kapitel 6 präsentierten Inline-Messungen Labormessungen an einer Auswahl repräsentativer Elastomerproben durchgeführt. Dabei wurden verschiedene Rohmaterialien und Rezepturvariationen mit einem Laborspektrometer vermessen. An dieser Stelle sollen die Ergebnisse dieser Messungen gezeigt und diskutiert werden. Dabei werden auch einige Messungen an Polymeren angeschnitten, die sich prinzipiell auf den Elastomerbereich übertragen lassen.

5.1 CNT-Gehalt von Polymerbauteilen

Genauso wie bei Elastomeren werden auch Polymere für den technischen Bereich mit Zusatzstoffen verstärkt. Bekannt sind Verstärkungen auf Basis von Kohlenstoff- und Glasfasern. Für hochwertige Anwendungen werden sie als Matten in ein Harz einlaminiert, in der preisgünstigen Variante als freie, einige Zentimeter lange Fasern mit dem Harz vermischt und ungerichtet in Form gebracht.

Die technologischen Vorteile von kohlenstofffaserverstärkten Kunststoffen (CFK) sind allgemein anerkannt. Ihre exzellenten technologischen Eigenschaften gewinnen die CFKs aus der Längsstabilität der Fasern. Allerdings benötigt die Herstellung von Bauteilen mit CFK-Verstärkung viel Handarbeit, weswegen diese Bauteile nur in wenigen hochpreisigen Bereichen Einsatz finden. Eine Alternative bietet die Verstärkung mit Kohlenstoffnanoröhren (Carbon Nano Tubes, CNT), die sich in ein Material einbetten lassen. Die CNTs sind wenige Mikrometer lang und haben einen Durchmesser im Nanometerbereich. Die Stabilität von CNTs wird häufig mit der von Stahlseilen verglichen [101], was sie für eine Vielzahl von technischen Anwendungen interessant macht, zum Beispiel zur mechanischen Verstärkung von Polymerbauteilen. Vor allem das sehr große Verhältnis von Länge zu Durchmesser („Aspect ratio“) sorgt für eine sehr große Verstärkung auch bei kleinen Zusatzmengen.

Insbesondere da Materialien mit CNT-Zusatz meistens in hochpreisigen und sicherheitsrelevanten Bauteilen verwendet werden, sind zerstörende Messtechniken alleine nicht ausreichend. Die üblichen zerstörungsfreien Technologien sind an dieser Stelle größtenteils nicht hilfreich:

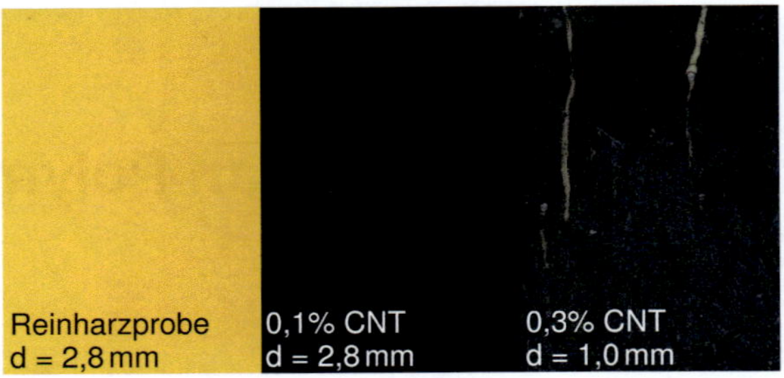

Abbildung 5.1: Fotos der Proben zur Bestimmung des CNT-Gehaltes. Bei der Probe mit 0,3% CNT-Gehalt sind nach dem Ausdünnen der Probe mit einer Fräse deutlich Bereiche reinen Harzes zu erkennen, die auf den Mischungsprozess zurückzuführen sind. Auch die schwächer gefüllte Probe weist höchstwahrscheinlich solche Bereiche auf, da die Adern jedoch nicht durch die gesamte Dicke des Materials gehen, sind sie nicht sichtbar.

- die **optische Spektroskopie** kann bei nutzbaren Füllgraden die Proben nicht mehr durchdringen,
- **Widerstandsmessungen** sind bei den üblichen Füllgraden noch nicht durchführbar, da das Material elektrisch isolierend ist. Sie werden erst bei höheren Füllgraden und perkollierten Netzwerken nutzbar (s. Abb. 3.10 auf S. 41),
- **Mikrowellenspektroskopie** ist eine nutzbare Technologie, allerdings können aufgrund der großen Wellenlänge nur große Bauteile mit einer sehr geringen örtlichen Auflösung vermessen werden,
- **Röntgen- und CT-Technologien** sind extrem aufwendig, können aber zu gewünschten Resultaten führen und sind auch teilweise im Einsatz. Allerdings sind hier Strahlenschutzbestimmungen zu beachten,
- die **Ultraschallmesstechnik** ist für die hier gestellte Aufgabe zu unsensitiv. Zusätzlich wird bei der Prüfung ein Kontaktmedium benötigt.

Der Bedarf einer Messtechnik und die mangelnde Sensitivität der verfügbaren Technologien sind Argumente, an neuen Technologien zu forschen. Im Folgenden sollen einige Experimente vorgestellt werden, die die Eignung der Terahertzspektroskopie für dieses Feld der Prüftechnik demonstrieren [102], [103].

Als erstes wurden Proben aus dem Epoxidharz Araldite LY 556 mit unterschiedlichen Gehalten an CNTs (0,1%, 0,3%, 0,5%, 1,0% sowie eine Reinharzprobe ohne CNT-Zusatz) hergestellt[i]. Die zugesetzten CNTs wurden, wie bei Kleinmengen üblich, mit einem Walzenmischer beigemischt (s. Kapitel 3.2). Bereits ein Gehalt von 0,1% CNT sorgt für eine

[i]Dank gilt Holger Schmitz von der Firma Invent GmbH, Braunschweig für die Bereitstellung der Proben.

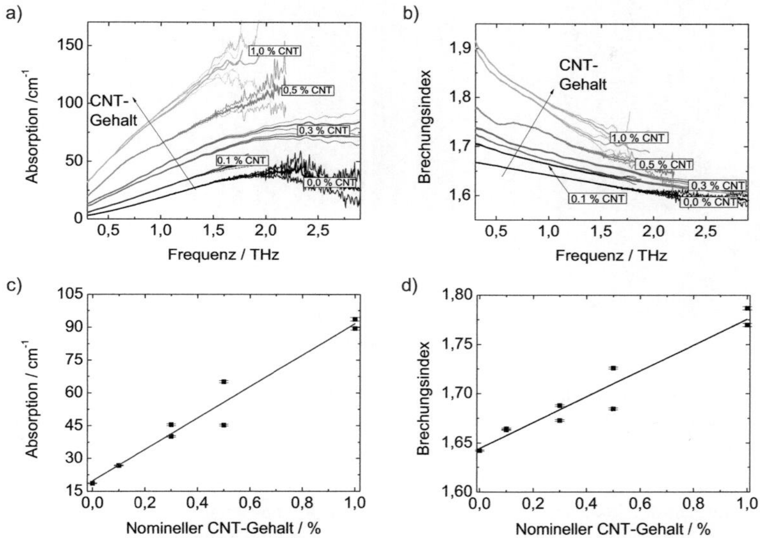

Abbildung 5.2: Verhältnis zwischen dem CNT-Gehalt und spektroskopischen Kennwerten von Epoxidharzen unter der Perkollationsschwelle. Absorption (c) und Brechungsindex (d) sind bei 1 THz gemessen.

optisch undurchsichtig schwarze Färbung bei einer 2,8 mm dicken Probe des im Rohzustand transparent-gelben Materials (s. Abb. 5.1). Im technischen Einsatz sind zur mechanischen Stabilisierung Konzentrationen von ca. 1% üblich. Die Reinharzprobe und die Probe mit einem CNT-Gehalt von 0,1% wurden in der ursprünglichen Dicke von 2,8 mm belassen, während die Proben mit einer CNT-Füllung von 0,3%, 0,5% und 1,0% auf eine Dicke von 1 mm gefräst wurden, um trotz der hohen Absorption des Materials einen guten Kompromiss zwischen Absorption und Probendicke zu ermöglichen [104]. Bei den dünneren Proben (Abb. 5.1 rechts) sieht man deutlich, dass sich bei der Herstellung Adern von Material ohne CNTs im Material gebildet haben.

In Abbildung 5.2 sind die Terahertz-Kennwerte der Proben in Abhängigkeit der CNT-Sollkonzentration aufgetragen. Das genutzte Terahertzsystem hat einen Fokus von ca. 2 mm Durchmesser. Man erkennt die klare, lineare Abhängigkeit sowohl von der Absorption als auch vom Brechungsindex von der CNT-Konzentration. Die Proben wurden jeweils an 2 Stellen vermessen, um die Wiederholbarkeit der Messung zu testen. Da die Proben praktisch plan sind, kann die Schwankung der Kennwerte bei der 0,5%-Proben nur an Schwankungen in der CNT-Konzentration innerhalb des Teststücks liegen.

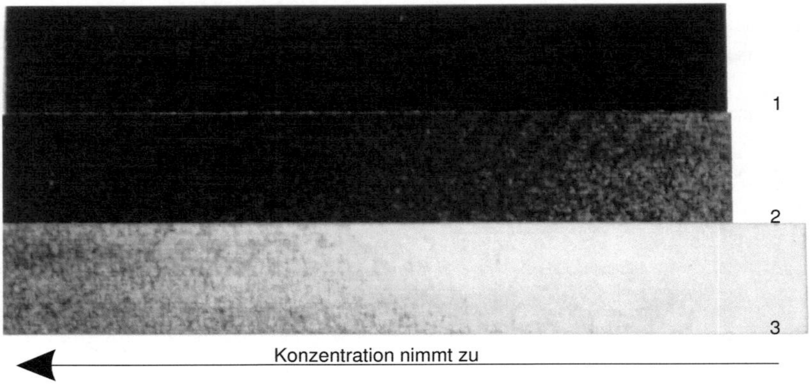

Abbildung 5.3: Durchlichtaufnahme der Glasfaserverstärkten CNT-Proben. Bei den Proben 2 und 3 erkennt man noch die nach rechts abnehmende CNT-Konzentration sowie die wolkigen Strukturen im Material.

Das hier genutzte Material wird unter anderem in Kombination mit Glasfasermatten eingesetzt, um eine weitere Verstärkung zu erzeugen. Bei der Injektion des Rohstoffes in eine mit Glasfasermatten vorbereiteten Form tendieren die CNTs stark dazu auszuwaschen. Somit entsteht ein Material, bei dem der CNT-Gehalt am Injektionspunkt am größten ist und mit der Entfernung zu diesem sinkt. Als Beispiel dieser Verarbeitungstechnik, die bei Materialien ohne CNT-Zusatz üblich ist, wurde ein 40 cm langer Stab hergestellt, bei dem das Material an einem Ende injiziert wurde[ii] (s. Abb. 5.3), um eine Teststruktur mit einer ausgeprägten Auswaschung zu erzeugen. Man erkennt im Foto deutlich die Auswaschung sowie eine wolkige Struktur im Material. Die leicht verwaschenen Kanten der wolkigen Strukturen entsprechen der Probe und stammen nicht aus einer minderwertigen Fotoqualität. Die wolkigen Strukturen entstehen durch die Verklumpung der Zusatzstoffe im Material. Um die Probe vermessen zu können, wurde sie in drei Stücke von ca. 15 cm Länge zerschnitten. Dabei wurde am stark gefüllten Ende des mittleren Stückes ein Teil für eine andere Messung entnommen. An dieser Stelle entsteht eine Lücke in der Messung. Zur Halterung der Probe wurden zusätzlich jeweils ca. 3 mm benötigt.

Die normierte Pulsamplitude der Messung ist in Abbildung 5.4 gezeigt. Es wurden an jedem Teil vier Scans durchgeführt, beim dritten Teilstück lag eine Messung zu nah am Rand der Probe und wurde durch Beugungseffekte verfälscht. Zur besseren Darstellung sind die Daten auf der y-Achse versetzt, die Amplituden sind jeweils in der Größenordnung der oberen Kurve. Auch wenn versucht wurde, die Linien auf denselben Höhen zu setzen, ist ein leichter Versatz zwischen den Messungen entstanden, d.h. die 3 dunkelgrau-

[ii]Die Probe wurde ebenfalls von der Invent GmbH hergestellt.

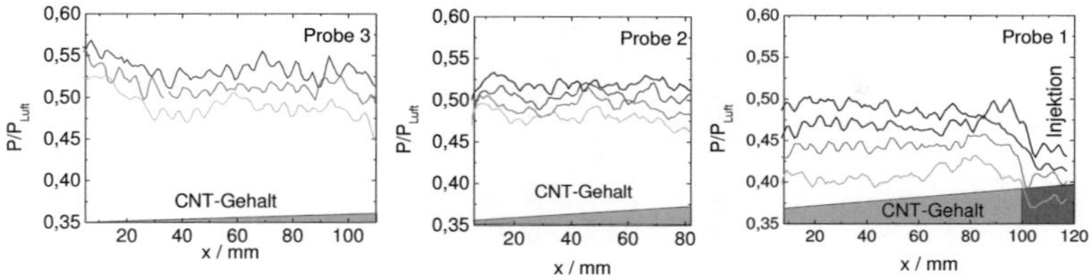

Abbildung 5.4: Normierte Terahertzamplitude entlang einer Probe aus glasfaserverstärktem Kunststoff mit CNT-Füllung. Es wurden 4 Linescans durchgeführt. Zur besseren Darstellung sind die Graphen in der y-Achse zueinander versetzt.

en Messungen sind zwar in der Nähe zueinander entstanden, allerdings keine durchlaufende Linescan-Messung. An einzelnen Stellen wurden Messungen mehrfach wiederholt, um das Systemrauschen zu bestimmen. Dieses liegt in der Größenordnung von 10^{-4}, also eine Größenordnung unterhalb der beobachteten Schwankungen, die somit klar auf Konzentrationsschwankungen zurückzuführen sind.

Ebenfalls sieht man in Abb. 5.4 am rechten Rand der Probe den Einspritzbereich, an dem das Material in die Form gegossen wurde. Hier ist die Konzentration an CNTs deutlich größer als im Rest der Probe, nimmt aber bereits nach wenigen Millimetern stark ab.

Insgesamt konnte gezeigt werden, dass die Verarbeitung von Nanopartikeln in Kunststoff sehr anspruchsvoll ist. Verarbeitungsschritte, die bei klassischen Zusatzstoffen gute Ergebnisse liefern, stoßen hier an ihre Grenzen und müssen überarbeitet werden. Ebenfalls müssen die Verarbeitungsschritte genauer überwacht werden als von klassischen Materialien gewohnt. Die Terahertzspektroskopie zeigt ein hohes Potential, diese Aufgabe zu erfüllen.

5.2 Agglomeration

Die Vorteile möglichst kleiner Partikel als Zusatzstoffe sind unumstritten [101]. Die höhere Oberfläche pro Volumen sorgt für eine bessere Anbindung an die Polymermatrix. Es hat sich aber auch gezeigt, dass kleinere Partikel deutlich schwerer zu verarbeiten sind. Neben dem gesundheitlichen Risiko für das Bedienpersonal [105], sind die größeren Schwierigkeiten in der homogenen und agglomeratfreien Verarbeitung des Materials, also die Herstellung von Materialien ohne Verklumpung von Zusatzstoffen, eine wichtige Herausforderung in der Herstellung kohlenstoffverstärkter Polymere. Durch die Agglomeration wird die Oberfläche erhöht, entsprechend sinkt der positive Einfluss der kleinen Partikel.

Im Folgenden sollen einigen Ansätze gezeigt werden, die Qualität der Dispergierung zu überwachen und einzuschätzen. Zum einen kann die Dispergierung direkt durch die Darstellung der Agglomerate gezeigt werden (Kap. 5.2.1 und 5.2.2), zum anderen gibt es

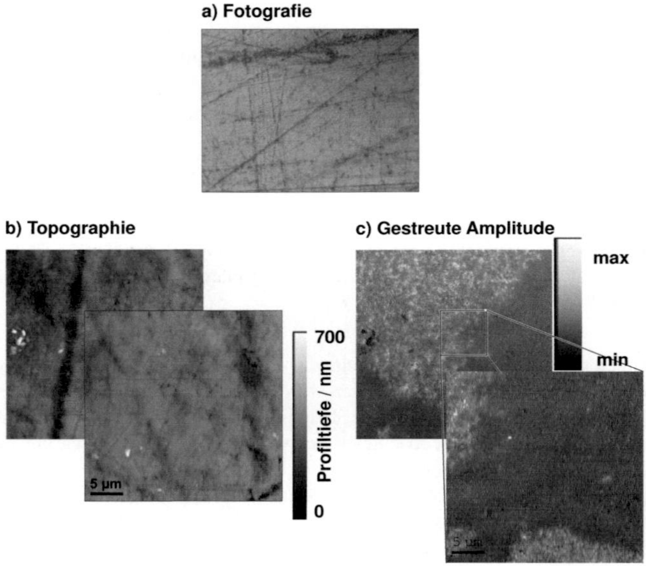

Abbildung 5.5: (a) Optische Mikroskopaufnahme, (b) AFM und (c) SNOM-Aufnahmen einer Probenfläche von ca. 30x30 µm. Man erkennt im SNOM-Bild in hell CNT-Cluster, die bei kleineren Aufnahmen weiter betrachtet werden. Maßstab und Ausschnitt sind in allen drei Aufnahmen identisch und (b) zu entnehmen.

Ansätze, die Dispergierung durch makroskopische Messungen der Absorption zu bestimmen (Kap. 5.2.3). Letztere haben den klaren Vorteil, dass die Messungen deutlich schneller durchführbar sind und sich in den Fertigungsprozess integrieren lassen.

5.2.1 Bildgebende Nahfeld-Messungen zur Agglomerationsdetektion

Der starke Brechzahlkontrast zwischen der Trägermatrix und den eingebetteten CNTs im Terahertzbereich sorgt bei Nahfeldmessungen an CNT-gefüllten Proben für eine deutliche Darstellung der Kohlenstoffpartikel. Messungen mit einem NeaSNOM der Firma NeaSPEC[iii] (siehe Kap. 2.6.2 und [106] für den Aufbau der Sonde) an Bruchstücken der CNT-gefüllten Araldite-Proben, die in Kapitel 5.1 vermessen wurden, zeigen einen deutlichen

[iii]Dank an Dr. Sergiu Amari, Florian Huth und Dr. Fritz Keilmann von NeaSPEC für die Möglichkeit diese Messung durchzuführen und die Aufarbeitung der Daten.

Kontrast zwischen Bereichen, in denen oberflächlich keine CNTs eingebunden sind und solchen mit CNTs.

Hierfür wurden Bruchstücke mit Kantenlängen von ca. 2 mm von der Reinharzprobe und der Probe mit einem CNT-Gehalt von 1 % genommen und mit feinem Schmiergelpapier (Partikelgröße 1 µm) poliert. Auch wenn sich noch mikroskopische Kratzer in der Oberfläche zeigen (Abb. 5.5 (a)), ist die so erreichte Qualität ausreichend für die anschließende Messung.

Es wird angenommen, dass die CNTs nicht gleichmäßig über der Probe verteilt sind, sondern sich Agglomerate gebildet haben. Um geeignete Messbereiche sowohl mit einem Agglomerat in Oberflächennähe als auch ohne zu identifizieren, wurde zunächst ein größerer Bereich von 30x30 µm vermessen.

Lichtbild, AFM-Profil und Nahfeldaufnahme sind in Abb. 5.5 gezeigt. Man erkennt im Lichtbild (Abb. 5.5 (a)) und AFM-Profil (Abb. 5.5 (b)) noch deutliche Kratzer mit einer Tiefe von ca. 300 µm von der mechanischen Vorbearbeitung. Im Amplitudenbild (Abb. 5.5 (c)) erkennt man unterschiedlich stark reflektierende Bereiche. Die stark streuenden, in der Abbildung heller dargestellten Bereiche weisen eine größere Konzentration von CNTs auf als die dunkleren, weniger reflektierende Bereiche. Das genutzte Nahfeldmikroskop erstellt aufgrund seiner Bauart neben dem Nahfeldbild, genutzt wurde ein CO_2-Laser mit einer Mittelwellenlänge von 11,2 µm (f = 26,7 THz), eine optische Mikroskopaufnahme und ein AFM-Höhenprofil desselben Bereiches der Probe (s. Kap 2.6).

Das AFM-Profil über einer kleineren Fläche von ca. 10x10 µm^2 und eines kleinen Ausschnittes von 1,5 µm Kantenlänge sind in Abbildung 5.6 (b) gezeigt. Die Nahfeldamplitude ist für dieselben Bereiche in Abbildung 5.6 (c) gezeigt. Neben den wolkigen Strukturen, die für Polymere im AFM typisch sind (vgl. [107]), sieht man im Streuungsbild stark reflektierende, hell dargestellte Bereiche einer hohen oberflächlichen CNT-Konzentration. Obwohl die Nanopartikel im Auflösungsbereich des AFM liegen, sind sie nicht direkt sichtbar, was dafür spricht, dass sie nicht auf der Oberfläche liegen, sondern einige Moleküllagen im Material. Auch auf einem größeren Bereich wurden keine Partikel an der Oberfläche gefunden. Wahrscheinlich hat der mechanische Vorgang der Oberflächenbearbeitung die oben liegenden Partikel entfernt.

Als Vergleich wurde ein Bruchstück der Referenzprobe ohne zugemischte CNTs genommen. In Abb. 5.7 werden die entsprechenden Bereiche verglichen, ein CNT-Cluster (links), ein CNT-freier Bereich derselben Probe (Mitte) und ein beliebiger Bereich der Reinharzprobe (rechts) als Vergleich der Signalschwankung, die im Trägermaterial entsteht. Durch den Probenwechsel ist die Farbkarte der Reinharzmessung an die Probe angepasst, die Dynamik ist deutlich geringer als bei den anderen Proben. Man erkennt ebenfalls die wolkige Struktur des Trägermaterials, die zusätzliche Streuung der CNTs entfällt jedoch.

5.2.2 Bildgebende Untersuchung der Zusatzstoffverteilung

Die Nahfeld-Messungen aus Kapitel 5.2.1 haben gezeigt, dass sich Kohlenstoffteilchen in Clustern sammeln, die bei den gezeigten Proben in der Größenordnung von 30 µm lie-

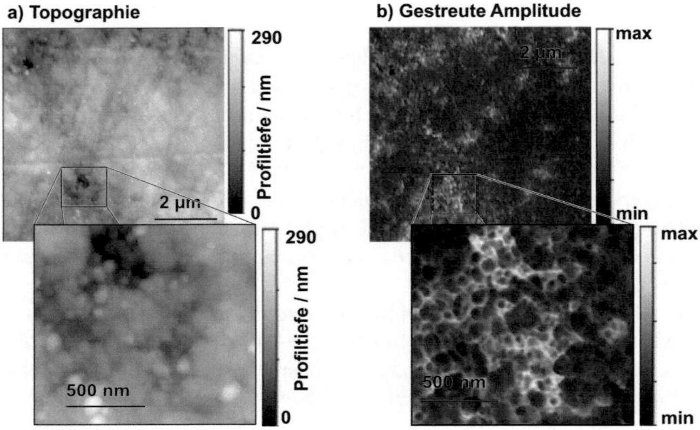

Abbildung 5.6: (a) AFM- und (c) SNOM-Aufnahme bei 11,2 µm einer CNT gefüllten Polymerprobe. Die hellen Bereiche im Nahfeldbild deuten auf die Anwesenheit von Kohlenstoffpartikeln in der Nähe der Oberfläche hin.

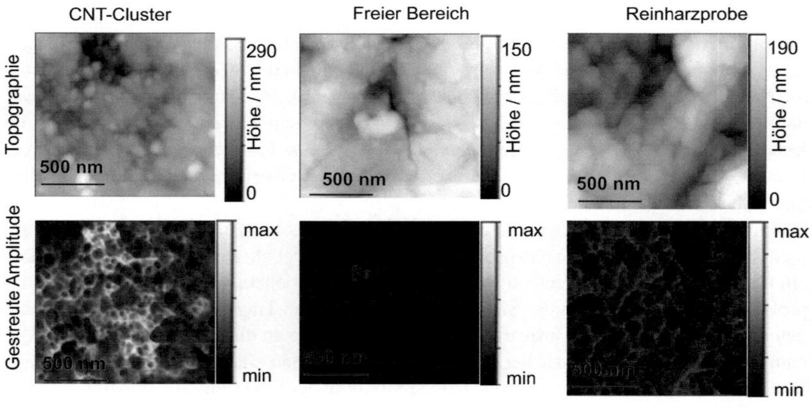

Abbildung 5.7: Vergleich verschiedener Proben desselben Grundmaterials: eine CNT-gefüllte Probe innerhalb (links) und außerhalb (Mitte) eines oberflächlichen CNT-Clusters und eine Reinharzprobe (rechts). Die Farbkarte der ersten beiden Messungen ist identisch, die im rechten Bild unterscheidet sich davon.

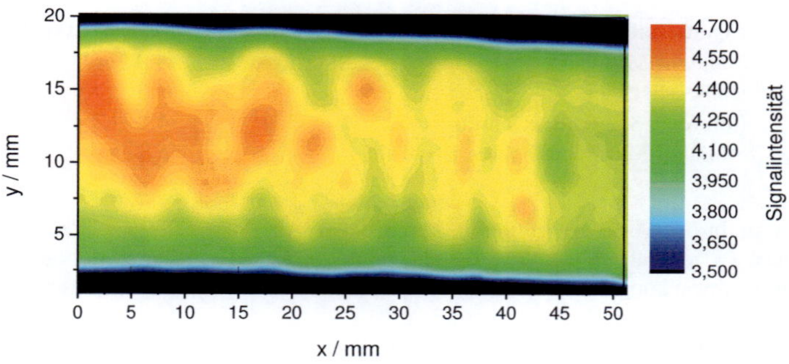

Abbildung 5.8: Agglomerationsbildung innerhalb einer Polymerprobe. Man erkennt vor allem am linken Bildrand deutlich die punktuell sehr hohe Konzentration der Zusatzstoffe, die zu einer höheren Absorption führen.

gen. Die entsprechenden Messungen sind leider sehr zeitaufwendig. Für die große Aufnahme in Abb. 5.5 wurden ca. 2 Stunden benötigt. Rasterkraftmikroskope sind technologisch schon sehr weit fortgeschritten, prinzipbedingt wird die Nahfeldtechnik nicht mehr deutlich schneller werden. Eine Sichtinspektion großer Elastomerproben (Abb. 5.1) und eine kurze Literaturrecherche (z.B. [108]) belegt, dass der Mischvorgang für Nanopartikel alles andere als trivial ist. Die Erfahrung zeigt jedoch auch, dass er einen großen Einfluss auf die Materialqualität hat. Agglomerate erzeugen Sollbruchstellen, die häufig die Ursache für Frühausfälle sind.

Bildgebende Terahertzmessungen leiden zwar momentan noch unter technischen Unzulänglichkeiten, häufig sind sie ebenfalls relativ langsam oder es werden sehr starke Quellen benötigt. In Kapitel 2 werden einige Ansätze hierzu vorgestellt.

Agglomeration findet üblicherweise in der Größenordnung unterhalb von 100 µm statt, was mit den Möglichkeiten der Fernfeld-Terahertztechnik nicht darstellbar ist. Neben der mikroskopischen Agglomeration ist jedoch auch die makroskopische Verteilung der Zusatzstoffe in einer räumlichen Skala von einigen Millimetern kritisch. Eine suboptimale Verarbeitung führt sowohl zu den wolkigen Strukturen, die in Kapitel 5.4 beobachtet werden, als auch den Nanotube-freien Adern, die in Abb. 5.1 auf Seite 70 gezeigt werden. Eine bildgebende Terahertzmessung an der CNT-verstärkten GFK-Probe soll diese Schwankungen visualisieren.

Offensichtlich sollte die erste bildgebende Messung einer Agglomeration an diesen Proben stattfinden. Das Amplitudenbild der glasfaserverstärkten CNT-Polymerprobe in Abbil-

Tabelle 5.1: Proben zur Dispergierungsmessung

Name	Eigenschaft	DisperGRADER™-Wert
NBR1_1	Standard-Mischzeit, späte Zugabe des Ruß	-1,4
NBR1_2	Halbe Mischzeit	0,6
NBR1_3	Referenz, Standardverfahren	4,4
NBR1_4	Standard-Mischzeit, höhere Drehzahl	5,2

dung 5.8 wurde in der Mitte des mittleren Stücks der in Abbildung 5.3 gezeigten Probe aufgenommen. Es zeigen sich deutliche Unterschiede in der Transmission, die auf eine Konzentrationsschwankung zurückgeführt werden kann. Die roten Flecken repräsentieren Bereiche mit einer erhöhten CNT-Konzentration.

Eine tiefer greifende Untersuchung der Dispergierung wurde an der Elastomerprobenreihe NBR1_x, eine Serie von Nitril-Kautschukproben einer realitätsnahen Mischung, durchgeführt[iv]. Die Zutaten der Mischung sind

- 100 phr NBR-Kautschuk (34,7% Acrylnitril-Anteil, Mooney-Viskosität 45),
- 30 phr Ruß,
- 1 phr Stearinsäure,
- 4 phr Zinkoxid,
- 5 phr Beschleuniger,
- 0,2 phr Schwefel.

Der Dispergiergrad der Proben wurde durch geeignete Maßnahmen verändert, s. Tabelle 5.1. Das Maß für die Dispergierung ist der DisperGRADER™-Wert. Der DisperGrader ist ein kommerziell erhältliches Gerät zur Dispergierungsbestimmung [109]. Der Wert gibt die Dispergierung relativ zu einer Reihe Referenzproben an. Ein größerer Wert entspricht hier einer besseren Dispergierung.

Bei den Proben NBR1_1 und NBR1_2 sind mit dem bloßen Auge noch matte Stellen im Material zu erkennen, die auf große Rußagglomerate hinweisen. An einer Stelle von NBR1_1 (am Ende der Probe nach der Laufrichtung in Abb. 5.9) sieht man einen Einschluss von Ruß, der nicht mit dem Elastomer vermischt ist. Abbildung 5.9 zeigt bildgebende Messungen der beiden schlechter dispergierten Proben. Man erkennt deutlich die stärker gefüllten Bereiche der schlecht dispergierten Probe NBR1_1. Zusätzlich sieht man auch, dass die Signalamplitude bei der Messung an der Probe NBR1_1 durchschnittlich um den Faktor 5 kleiner ist als die Amplitude der Probe NBR1_2. Diese Tatsache wird im nächsten Kapitel genauer betrachtet.

[iv] Die Proben wurden von ContiTech zur Verfügung gestellt.

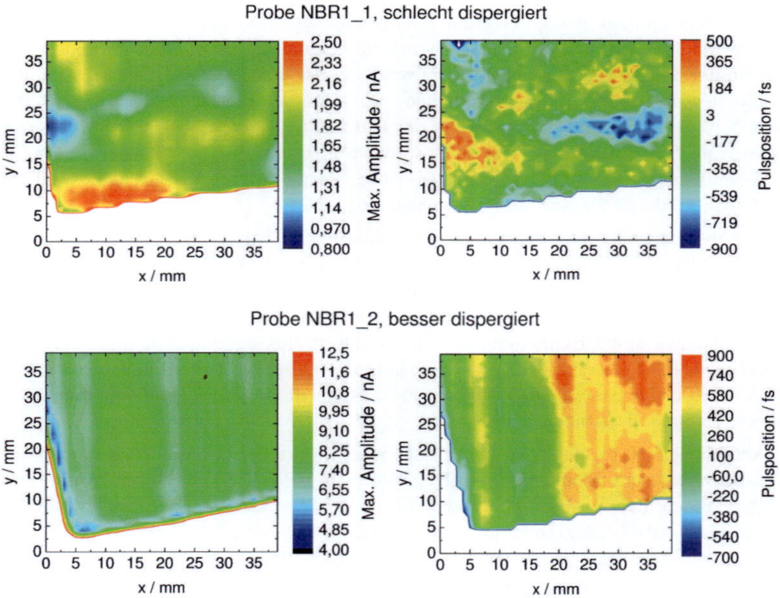

Abbildung 5.9: Bildgebende Messung an Elastomerproben unterschiedlicher Dispergierung. Jeweils rechts ist die Amplitude dargestellt, links die zeitliche Position der THz-Pulse.

5.2.3 Spektrale Überwachung der Dispergierung

Bei einer perfekt dispergierten Probe ist jedes Rußpartikel von einer Elastomerhülle umgeben, die es elektrisch von seinem Nachbarpartikel isoliert. Im Normalfall bilden sich mehr oder weniger große Agglomerate in der Größenordnung von einigen 10 bis 100 µm, also unterhalb der Größenordnung der Wellenlänge von Terahertzstrahlung. Eine direkte Darstellung der Agglomerate mittels THz-Spektroskopie ist entsprechend nicht möglich. Wie bereits in Kapitel 5.2.2 gezeigt wird, neigen schlecht dispergierte Proben zusätzlich zu makroskopischen Konzentrationsschwankungen. Diese sind auch der Grund, warum eine punktuelle Messung der spektralen Eigenschaften einer Probe nicht ausreicht, um die Dispergierung zu bestimmen. Eventuelle Einflüsse sind durch die deutlich stärkeren Konzentrationsschwankungen, die auch in hinreichend gut produzierten Materialien vorliegen, überlagert.

Im Folgenden soll ein alternativer Ansatz gewählt werden. Die Terahertz-Kennwerte werden an mehreren Stellen der Probe aufgenommen. Im konkreten Fall werden die Daten entlang einer Linie im Abstand von 2 mm aufgenommen. Prinzipiell können auch zufällige Stellen der Probe für die Messung genommen werden. Die bestimmte Extinktion, also die Summe aus Absorption und Materialstreuung, der einzelnen Positionen wurde dann gemittelt, was zu einer durchschnittlichen Extinktion des Materials führt, dargestellt in Abb. 5.10 (a). Die Standardabweichung des Durchschnitts von den einzelnen Messungen ist in Abb. 5.10 (b) gezeigt. Wie zu erwarten war, ist die Standardabweichung bei der schlecht dispergierten Probe am höchsten. Neben der schlechten Vermischung sorgt auch die hohe Extinktion für eine hohe Messungenauigkeit.

In Abbildungen 5.10 (d) bis (f) sind die Extinktionen α bei 3 verschiedenen Frequenzen (200, 300 und 400 GHz) gezeigt. Die jeweils oberste Kurve für NBR1_1 zeigt neben der höheren Varianz auch eine steigende Extinktion zum Ende der Probe hin, die durch den Einschluss nicht-dispergierten Rußes entsteht. Während die Probe NBR1_2 noch leichte Schwankungen in der Extinktion zeigt, ist die Absorption bei den beiden gut dispergierten Proben NBR1_3 und NBR1_4 deutlich konstanter, die Standardabweichung ist kleiner. NBR1_4, die eine bessere Dispergierung aufweist als die Referenz zeigt eine minimal geringere Extinktion als die Referenz.

Abbildung 5.10 (c) zeigt die Dicke der Proben, mit einer präzisen Messschraube mit Drehmomentsteuerung und einer Auflagefläche von 0,2 cm^2 an ca. 20 Stellen pro Probe aufgenommen. Bei den Elastomerproben dringt die Messschraube merklich in das Material ein, sollte aber dabei die in ihren physikalischen Eigenschaften sehr ähnlichen Proben um den gleichen Faktor komprimieren und somit eine konstante Abweichung erzeugen. Alle Proben zeigen eine relativ konstante Dicke, NBR1_2 und NBR1_4 haben einen leichten Gradienten in der Dicke. Für die Bestimmung der Absorption wurden die gemessenen Werte über die Länge der Probe interpoliert und so für jeden Punkt eine gerechtfertigte Abschätzung der Dicke erstellt.

Wäre der Ruß bei dieser Messung ein über der Probe verteiltes Netzwerk von miteinander kontaktierten (perkollierten) Partikeln, wäre die Absorption deutlich größer und es würde praktisch kein Signal durch das Material dringen. Bei den hier gegebenen Konzentrationen von Ruß liegt er vielmehr als eine Ansammlung von voneinander isolierten Partikeln bzw. Agglomeraten vor, die als Streuzentren wirken. Der Einfluss der Dispergierung auf die Extinktion ist auf die erhöhte Streuung im Material zurückzuführen und nicht auf die Absorption.

Um die Streuung an den Rußpartikeln als eine einfache Rayleigh-Streuung beschreiben zu können, muss

$$\omega \ll \omega_0 \tag{5.1}$$

gelten, also die Frequenz der Welle ω deutlich kleiner sein als die Eigenfrequenz des Streukörpers ω_0, die im Normalfall über die Partikelgröße gegeben ist. Die kleinste hier betrachtete Wellenlänge im Puls (angenommen ist eine Frequenz von 500 GHz und eine relativ geringe Brechzahl des Elastomers von 1,5) ist

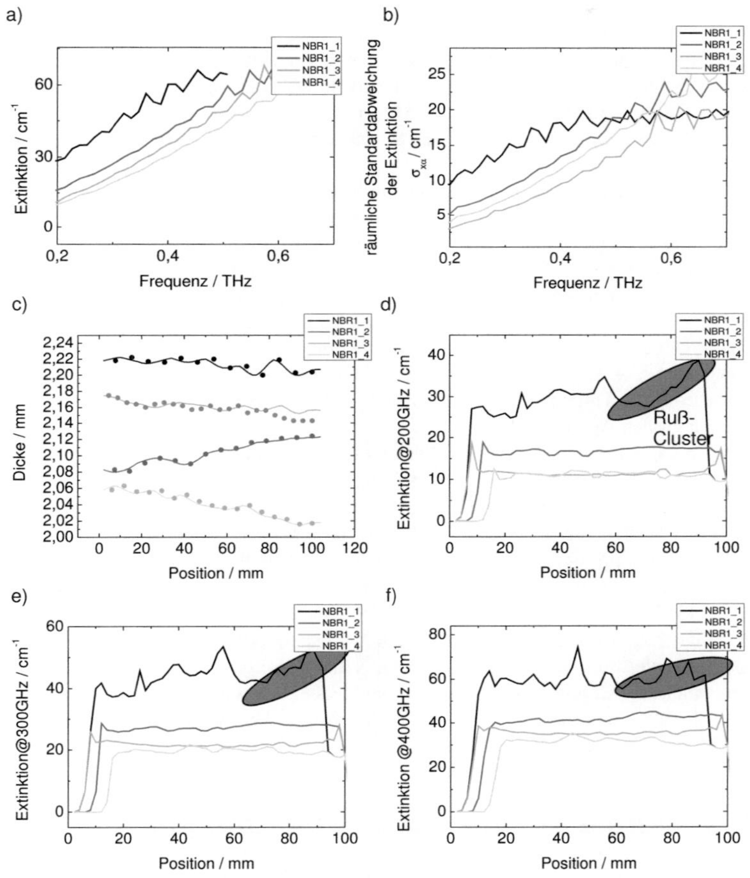

Abbildung 5.10: Extinktion von NBR1_x abhängig von der Dispergierung, NBR1_4 ist die am besten dispergierte Probe. (a) durchschnittliche Absorption der Proben, (b) Standardabweichung der einzelnen Messung über der Position, (c) Dicke der Probe über der Position, (d)-(f) Extinktion über den Proben bei 200, 300 und 400 GHz.

$$\lambda = \frac{c_0}{n f} = \frac{3 \cdot 10^8}{1,5 \cdot 500\,GHz} = 400\,\mu m.$$

Große Agglomerate können in dieser Größenordnung liegen, meistens ist die Bedingung jedoch erfüllt, gerade da die am stärksten vertretenen Frequenzkomponenten der Terahertzpulse eher langwelliger sind. Bei größeren Partikeln wird die Näherung ebenfalls kritisch. In diesem Fall tritt eine deutlich stärkere Absorption als im Rayleigh-Modell vorhergesagt auf. Im Folgenden wird gezeigt, dass das Modell eine steigende Absorption bei größeren Partikeln vorhersagt.

Obwohl mit der Rayleigh-Streuung die einfachste Näherung genommen wird, ist das Problem der Vorhersage der Dämpfung bei Streuung analytisch nicht mehr lösbar. In [110] und [111] werden Monte-Carlo-Simulationen der optischen Streuung an klebrigen Partikeln („sticky particles") auf Basis der *quasi-kristallinen Approximation*, QCA [112] durchgeführt. Ein dort gegebenes Beispiel sind Schneekristalle, die Licht brechen. Die Wahrscheinlichkeit der Partikel zusammenzukleben wird durch einen Klebrigkeitsparameter τ bestimmt. Um die Ergebnisse für das Problem der dispergierten Elastomere zu interpretieren, entspricht $\tau \to \infty$ einer perfekten Dispergierung, also der ideal homogenen Verteilung der Partikel in der Trägermatrix, ein kleines $\tau \to 0$ entspricht stark verklebten Partikeln, also vielen großen Agglomeraten.

In den besagten Arbeiten wird ausführlich eine Simulation beschrieben, abhängig von der Klebrigkeit der Partikel wird ihre Verteilung im Raum und damit die Dämpfung durch Interferenz der Mehrwegeausbreitung bestimmt. Das optische Modell (37 nm große Partikel bei einer Wellenlänge von 632 nm) skaliert mit einer Partikelgröße von d = $0,05\lambda$ in guter Näherung zum hier beschriebenen Problem der Rußdispergierung (d = 50 µm, λ = 400 µm, d = $0,112\lambda$) und sagt eine mit der Partikelgröße wachsende Absorption voraus, also dasselbe Verhalten, das auch in Abb. 5.10 zu erkennen ist.

In Kapitel 5.2.1 wurden an durchschnittlich gut dispergierten Proben Agglomeratgrößen von 30 µm beobachtet, für die die gegebenen Näherungen gut funktionieren dürften. Das stark abweichende Ergebnis der Messungen an NBR1_1 lässt auf deutlich größere Agglomerate schließen, was die Daten aber auch, unabhängig vom an dieser Stelle nicht mehr gültigen Modell, zeigen.

5.3 Spektrale Eigenschaften von Kautschuk

Zur Voruntersuchung der Terahertzeigenschaften von Kautschukproben stand eine Reihe von Proben zur Verfügung[v]. Die Proben mit einer Dicke im Bereich von 2 bis 5 mm wurden von von größeren Stücken geschnitten und nicht weiter präpariert. Nach dem Postversand wurden die Proben länger als eine Woche in einem klimatisierten Raum bei 20 °C und

[v]Dank an die ContiTech-AG, die die Proben zur Verfügung gestellt hat.

einer Luftfeuchtigkeit unter 30 % gelagert, um eventuelle Effekte durch Feuchtigkeit in der Probe auszuschliessen.

Tabelle 5.2: Übersicht der vermessenen Kautschuksorten

Abkürzung	Kautschuktyp	Eigenschaften
NR1	Naturkautschuk	Typ RSS1, unterschiedlich stark geräuchert
NR2	Naturkautschuk	Typ CV60 [vi]
BR1	Butadienkautschuk	Hoch-cis-Type, Ni-Katalysiert
BR2	Butadienkautschuk	Hoch-cis-Type, Nd-Katalysiert
NBR1	Acrylnitril-Butadien-Kautschuk	26,8% Acrylnitril
NBR2	Acrylnitril-Butadien-Kautschuk	34% Acrylnitril
HNBR1	Hydrierter Acrylnitril-Butadien-K.	34% Acrylnitril, 4% Doppelbindungen
HNBR2	Hydrierter Acrylnitril-Butadien-K.	21% Acrylnitril, 5,5% Doppelbindungen
HNBR3	Hydrierter Acrylnitril-Butadien-K.	33% Acrylnitril, 3,5% Doppelbindungen, carboxylierte Type

5.3.1 Naturkautschuk

Das historisch zuerst genutzte Elastomer ist chemisch sehr einfach aufgebaut. Die gezeigten Proben unterscheiden sich in der Präparation und den physikalischen Eigenschaften. Die Probe NR1 wurde aus geräucherten Materialmatten gepresst. Man erkennt an der Probe (Abb. 5.11 (c)), dass die Oberfläche der Matten dunkler erscheint als der Rest des Materials. Die Matten wurden in beliebiger Form zusammengelegt und gepresst. Man erkennt an der unterschiedlichen Färbung auch, dass die Probe aus mindestens 2 verschiedenen Matten besteht. Die Terahertz-Absorption der beiden Probenbereiche (Abb. 5.11 (b)) unterscheidet sich deutlich. Das kann verschiedene Ursachen haben. Neben einer unterschiedlichen Dichte könnten die Bereiche unterschiedlich verunreinigt sein. Die dunklere Färbung weist auch auf eine stärkere Räucherung hin. Dadurch könnte eine unterschiedliche Restfeuchte entstehen.

Die Probe NR2 ist optisch homogener und auf eine feste Viskosität von 60 eingestellt. Sie ist in ihrer Färbung vergleichbar mit dem hellen Teil von NR1, weist aber keine Musterung auf. Die Probe ist auch deutlich weicher als NR1. Während die Absorption im Bereich von NR1 liegt, ist der Brechungsindex von NR2 deutlich größer (Abb. 5.11 (a)). Chemisch handelt es sich zwar um dasselbe Material (Isopren), jedoch sind Verunreinigungen im Naturmaterial für die relativ große Schwankungsbreite verantwortlich.

[vi] viskositätsstabilisiert, Mooney-Viskosität 60

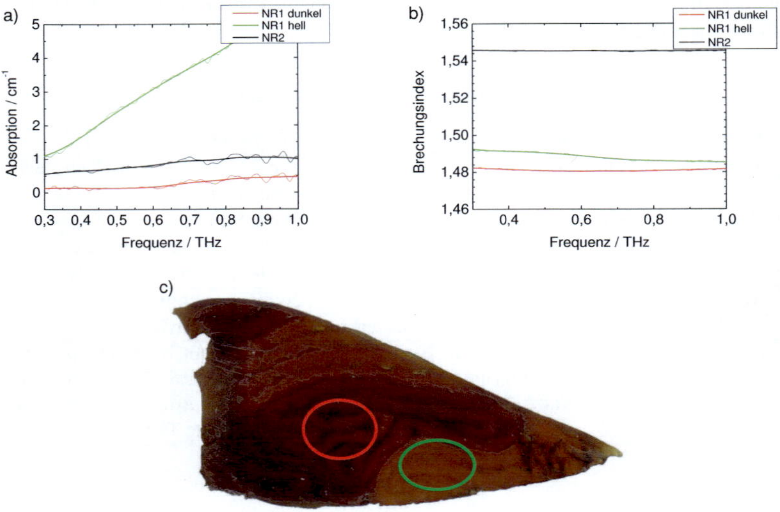

Abbildung 5.11: Übersicht der spektroskopischen Eigenschaften Absorption (a) und Brechungsindex (b) verschiedener Naturkautschuksorten. (c) zeigt die Probe NR1 und die Messpunkte für die Messung „NR1 dunkel“ (rot) und „NR1 hell“ (grün). Die dünne Kurve ist die gemessene Größe, die dicke eine gemittelte Version.

5.3.2 NBR/HNBR

Bei den Proben der NBR- und HNBR-Gruppen wurden vor allem das Mischverhältnis zwischen Acrylnitril (ANR) und Butadien (BR) variiert. Zusätzlich wurde der Hydrierungsgrad, sprich der Anteil der Doppelbindungen im HNBR variiert (s. Kapitel 3.3.4 auf Seite 32). Die Probe HNBR3 besteht aus einem carboxyliertem HNBR s. Abb. 5.12. Während die Absorption der 3 Materialgruppen praktisch identisch ist (Abb. 5.12 (b)), zeigen sich im Brechungsindex (Abb. 5.12 (b)) deutliche Unterschiede durch die entfallenden Doppelbindungen des HNBR und die angehängte Carboxylgruppe, durch die sich die Probe HNBR3 auszeichnet.

Der Anteil an Butadiengruppen mit Doppelbindungen (bei HNBR1 4,0%, bei HNBR2 3,5%, NBR mit 100% Doppelbindungen), also der Anteil der nicht-hydroxylierten Gruppen, wirkt sich zwar auf den Brechungsindex aus (die Messungen zeigen, dass n mit der Zahl der Doppelbindungen steigt). Der Effekt dürfte aber für eine praktische Nutzung in

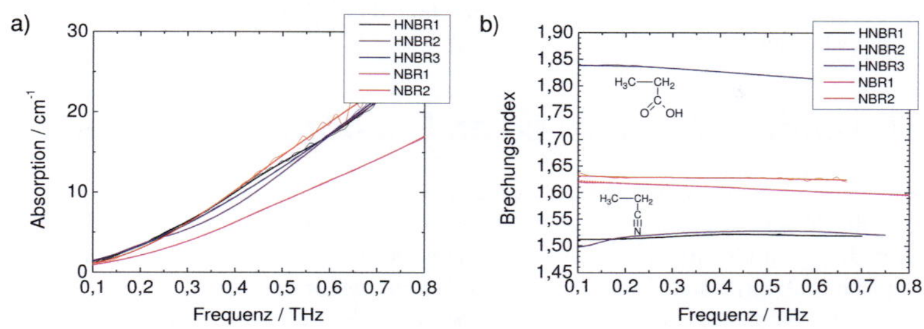

Abbildung 5.12: Brechungsindex und Absorption von stark absorbierenden Elastomeren der NBR und HNBR- Gruppen.

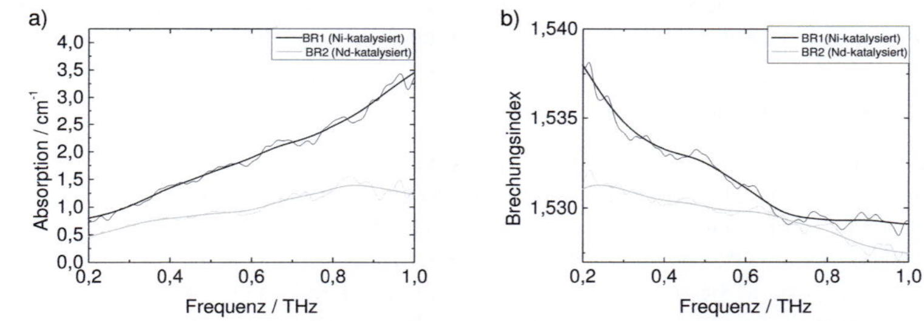

Abbildung 5.13: (a) Absorption und (b) Brechungsindex von Ni- und Nd-katalysiertes BR. Der Katalysator beeinflusst die Mischung der unterschiedlichen Polymerisationsformen in der Molekülkette (s. Kap. 3.3.2).

der Prozessüberwachung zu gering sein. Der geringere Acrylnitrilgehalt von NBR1 im Vergleich zu den anderen Proben zeigt sich in der schwächeren Absorption.

5.3.3 Butadienkautschuk

Butadienkautschuk ist allgemein nur schwach polar und zeichnet sich entsprechend im Vergleich zu NBR oder HNBR durch eine geringe Absorption aus. Die getesteten BR-Proben unterscheiden sich durch den Herstellungsprozess, genauer gesagt den eingesetzten Katalysator, Nickel bei BR1 bzw. Neodym bei BR2. Daraus ergibt sich ein unterschiedlicher Anteil der verschiedenen Polymerisationsarten des Materials (s. Kapitel 3.3.2 auf Seite 31) und damit auch seine Polarität.

Bei beiden hier gezeigten Varianten dominiert der cis-Typ deutlich vor einem Anteil trans-Typ und einem geringen Anteil isotaktischem Polymers (Abb. 5.13). Die stärkere

Absorption von BR1 deutet darauf hin, dass der Anteil an stärker polaren cis-Typ-Gruppen größer ist als bei der Probe BR2.

5.4 Terahertz-Messungen an Elastomermischungen

Im Vergleich zu Rohmaterialien ist die Vermessung von Mischungen eine anspruchsvollere Aufgabe. Zwar lässt sich das Material leichter formen und ist homogener, allerdings dominiert der hohe Gehalt an Ruß die Eigenschaften der Rohelastomere. In Kap. 5.4.2 wird ein Material vermessen, das 140 phr Ruß enthält, also mehr Ruß als Elastomer, was kein unübliches Verhältnis ist. Somit ist die Absorption der Proben sehr groß. Auch wenn die vermessenen Materialien nach dem Stand der Technik vermischt sind, schwankt die Zusammensetzung innerhalb einer Probe deutlich. Das exemplarisch angegebene Vertrauensintervall einiger Proben geht davon aus, dass die Dicke der Probe exakt bestimmt ist und die Mischung an der vermessenen Stelle dem Zutatenverhältnis in der Rezeptur entspricht. Bei einigen Proben wurden Messungen an mehreren Stellen der Probe durchgeführt.

5.4.1 Grundmischungen

Reine Elastomere, wie sie in Kapitel 5.3 vermessen wurden, haben keinen nennenswerten technischen Nutzen. Erst eine Reihe von Zusatzstoffen, insbesondere Ruß oder vergleichbare Stoffe (s. Kapitel 3.4) sorgen für die bekannten Eigenschaften. Die Vermessung einiger gängiger Materialien[vii] zeigt bereits, dass gerade der Zusatz von Ruß den Brechungsindex und die Absorption in die Höhe treibt (Abb. 5.14). Je mehr Ruß in der Mischung ist, desto härter ist sie auch, so erklärt sich die scheinbare Abhängigkeit zwischen dem Brechungsindex und der Materialhärte in Abbildung 5.14.

Die Mischungen zeigen deutlich höhere Brechungsindizes und Absorptionen als die Rohelastomere, was vor allem am zugesetzten Ruß liegt. Die Einflüsse der Zusatzstoffe dominieren die Eigenschaften der Rohelastomere, jedoch kann man auch diese erkennen. Bei gleicher Härte ist ein NBR bei einem höheren Brechungsindex stärker absorbierend als ein NR. Hier ist jedoch zu beachten, dass die Härte kein direktes Maß für den Rußgehalt ist. Neben dem Rußgehalt wirkt sich auch der Anteil an Weichmachern, die Härte des Rohelastomers und der Vernetzungsgrad auf die Härte des Materials aus.

5.4.2 Mischungsvariationen

Eine der Aufgaben der zu konstruierenden Inline-Sonde ist die Erkennung von Mischungsvariationen. Der Vorgang wird hier anhand EPDM-Mischungen bestehend aus

- 100 phr EPDM-Kautschuk,

[vii] Die genaue Zusammensetzung der Materialien unterliegt der Geheimhaltung. Es handelt sich um kommerziell genutzte Mischungen von Continental.

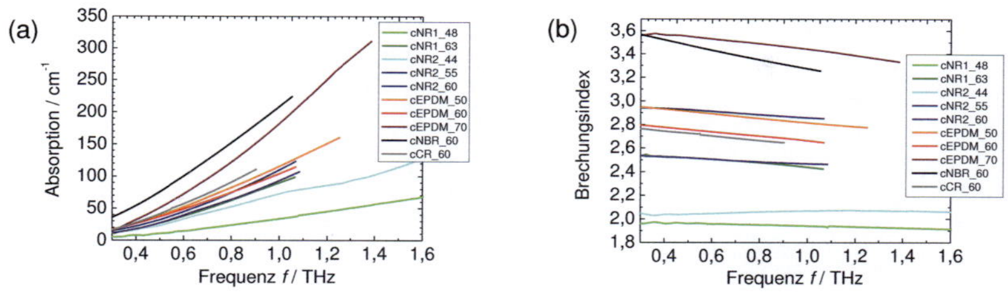

Abbildung 5.14: Offline-Messungen verschiedener Grundmischungen. Die Zahl hinter der Bezeichnung gibt die Härte in Shore (s. Kapitel 3.5) an. Zur besseren Übersicht werden nur gefilterte Kurven gezeigt.

- 140 phr Ruß,
- 140 phr Öl/Weichmacher,
- 10 phr ZnO,
- 2 phr Stearinsäure,
- 1,7 phr Schwefel und
- 4,4 phr Beschleuniger (Mischung)

simuliert. Die Variationen sind in Tabelle 5.3 gezeigt. Die Änderungen entsprechen jeweils einer relativen Variation von 10%.

Tabelle 5.3: Proben zur Vermessung der Rezepturvariation an einer EPDM-Probenreihe.

Name	Variation	
V01		Referenz
V01	+ 14 phr	Ruß
V02	- 14 phr	Ruß
V03	+ 14 phr	Weichmacher
V04	- 14 phr	Weichmacher
V05	+ 1 phr	ZnO
V06	- 1 phr	ZnO

Das Zusetzen bzw. Entfernen von Ruß zeigt den erwartet hohen Effekt auf Brechungsindex und Absorption. Bei den anderen Variationen, ZnO und Weichmacher, ist der Kontrast durch die Änderung allerdings kleiner als die Unsicherheit, die durch die Annahme der

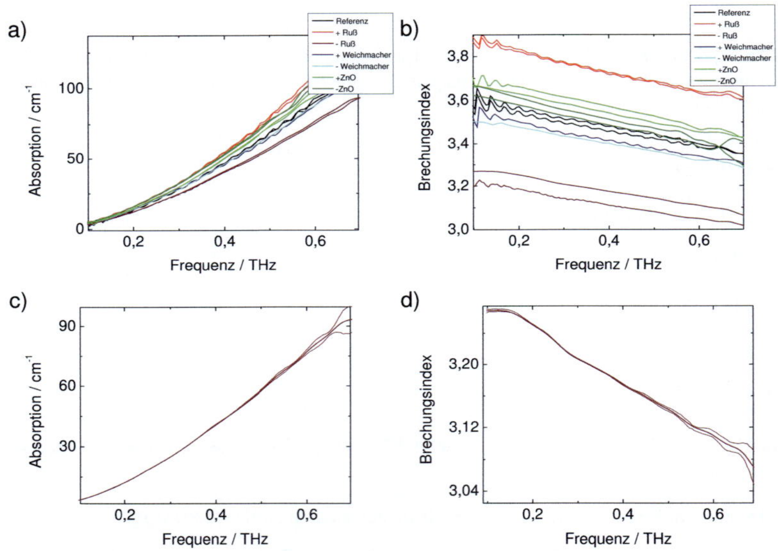

Abbildung 5.15: (a) Absorption und (b) Brechungsindex einer Mischung bei variabler Rezeptur. (c) und (d) zeigen jeweils die Messung V02 (-Ruß) als Ausschnitt incl. dem Vertrauensintervall. Erst ab ca. 500 GHz entsteht eine nennenswerte Messunsicherheit.

Probendicke entsteht. Die Messungen wurden innerhalb der Probe an einer anderen Stelle wiederholt, um die Aussagefähigkeit der Messung zu untersuchen.

Im Rahmen der Inline-Messungen, die in Kapitel 6 beschrieben sind, ist die Dicke der Probe exakt bekannt und konstant. Hier ist auch gezeigt, dass der Einfluss einer Komprimierung der Probe relativ gering ist. Somit kann das Problem der unbekannten Dicke durch eine Messzelle bekannter Dicke gelöst werden. Die Konstruktion aus Fenstern und der Probe kann als Mehrschichtsystem mit bekannten Fenstermaterialien bestimmt werden. Die Datenauswertung erweist sich als etwas komplizierter als bei einer Messung in Luft, ist jedoch lösbar [36], die Eigenschaften der Fenster müssen hierfür genau bekannt sein.

6 Prozessüberwachung: Inline-Kontrolle von Extrusionsprozessen

In Kapitel 5 wurde gezeigt, dass die Terahertz-Spektroskopie geeignet ist, die Qualität von Elastomerprodukten zu kontrollieren. Dabei profitiert sie im Vergleich zu den etablierten Technologien von der einfachen Probenpräparation und der Möglichkeit kontaktfreier Messungen. Eine Integration in die Fertigungsprozesse kann die Qualität der hergestellten Produkte steigern und dabei gleichzeitig den Personaleinsatz und die Lagerzeit in der Produktion, damit verbunden auch die Durchlaufzeit und die Lagerkosten, deutlich senken. In [113] wurde gezeigt, dass die Polymerextrusion mit einem Terahertzspektrometer überwacht werden kann. Auf den folgenden Seiten wird ein Ansatz zur Kontrolle des Materials für Elastomer-Extrusionsprozesse vorgestellt und diskutiert.

6.1 Integration des Terahertzsystems in den Extrusionsprozess

Der Aufbau eines Terahertzsystems wurde bereits in Kapitel 4 beschrieben. Das dort beschriebene System hat einen weiten Schritt in die industrielle Nutzbarkeit gemacht. Durch den konsequenten Verzicht auf freistrahloptische Komponenten ist das System sehr robust und unempfindlich gegenüber mechanischen Störungen. Die Femtosekundenpulse werden über Glasfasern zu den Antennen geleitet. Die Antennen können so frei bewegt werden, um sie an die Probe, in diesem Fall den Materialstrom im Extruder, zu bringen. In diesem Kapitel soll neben der Konstruktion der Inline-Sonde der Einfluss des warmen Extruders auf die Terahertzantenne diskutiert werden.

6.1.1 Aufbau der Extrudersonde

Um für die Messung des Materialstroms in den Extruder schauen zu können wurde in Zusammenarbeit mit den Firmen Menlo Systems und ContiTech[i] eine Extrudersonde zur Integration in einen Experimental-Extruder aufgebaut (s. Abb. 6.1).

[i]Besonderer Dank gilt an dieser Stelle Sebastian Schirrmacher, der die Konstruktion der Sonde im Rahmen seiner Masterarbeit maßgeblich vorangetrieben hat.

Abbildung 6.1: Fotos der genutzten Sonde. Der Messkanal ist im rechten Bild rechts, das linke Bild zeigt den Blick durch die Messfenster.

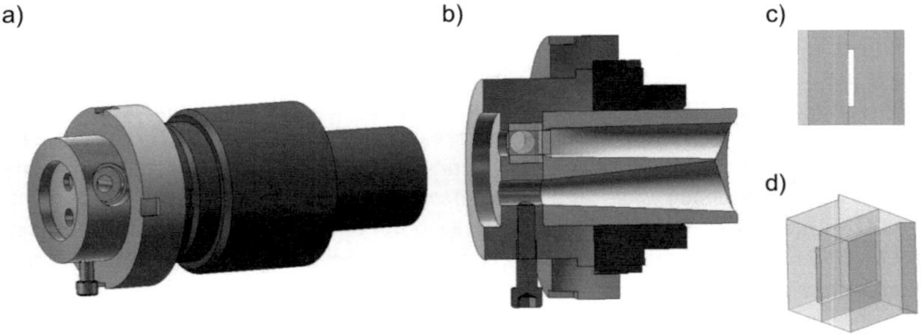

Abbildung 6.2: Zeichnung der genutzten Sonde: Gesamtansicht (a) und Querschnitt mit der Materialführung zur Aufteilung der Materialströme mit dem Messstrom oben (b) sowie das Glasfenster (c) und (d) (mit freundlicher Genemigung der ContiTechAG).

Üblicherweise ist der Materialkanal im Extruder rund mit einem Durchmesser von einigen Zentimetern. Für die Messung von Elastomerproben mit einer realistischen Beimischung von Zusatzstoffen wird ein Kanal mit maximal 1,5 mm Dicke und zwei planparallelen Wänden für die Messfenster benötigt. Da der Kanal beim aktuellen Stand der Technik sehr schmal sein muss, kann eine Messung am gesamten Materialstrom nicht realisiert werden.

Als Alternative wurde eine Bypasslösung gewählt, bei der ein einstellbarer Teil der Mischung an den Messfenstern vorbeigeleitet wird, während der Großteil des Materials im Hauptstrom verbleibt. Im Anschluss können die beiden Ströme für die Weiterverarbeitung wieder zusammengeführt werden. Der Übergang von der breiten Extruderwelle auf die schmaleren Ausgänge wird über eine langsame Anpassung des Querschittes realisiert (Abb. 6.2 (b)). Im Hauptstrom wird mittels einer Stellschraube der Durchfluss reguliert. Geschätzt läuft bei geschlossener Schraube aufgrund des schmalen Querschnitts ca. 1% des Materials durch den Bypass zur Terahertzmessung, wobei dieser Anteil auch von der Materialhärte abhängig ist.

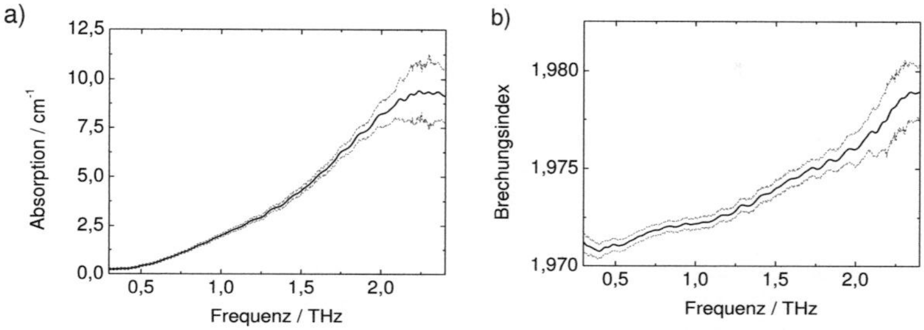

Abbildung 6.3: (a) Absorption und (b) Brechungsindex des Fenstermaterials im Terahertzbereich. Als Probe dient ein 10,112 mm dickes Fenster vor der Inline-Messung.

An das Fenster werden sehr hohe Anforderungen gestellt. Das Bauteil muss sehr genau in die Sonde eingepasst sein und einen schmalen Kanal mit planparallelen Wänden bilden. Um lange Einsatzzeiten zu garantieren, muss das Material abriebfest und kratzbeständig sein und es muss dem hohen Druck und Temperaturen von ca. 100°C standhalten. Zusätzlich sollte es im Terahertzbereich nicht zu stark absorbieren und einen Brechungsindex aufweisen, der bei den mehreren Materialübergängen (Luft - Fenster - Probe - Fenster - Luft) eine möglichst geringe Gesamtreflexion aufweist. Der Preis für das Bauteil schließlich ist zwar für den Demonstrator kein entscheidender Faktor, sollte aber auch für die finale Konstruktion vertretbar sein.

Als Materialien bieten sich insbesondere Quarzglas und Saphir an. Die mechanischen Eigenschaften sprechen für Saphir, das kratzresistenter und druckstabiler ist als Quarzglas. Die Absorption der Materialien ist in derselben Größenordnung, allerdings liegt der Brechungsindex von Saphir bei ca. 3 und das Material ist doppelbrechend. Quarzglas hingegen hat einen Brechungsindex von 2,2 und zeigt keine nennenswerte Doppelbrechung [114], so dass man nicht auf die Ausrichtung der Sonde gegenüber dem Fenster achten muss. Da der hohe Brechungsindex von Saphir die Gesamtreflexion der THz-Strecke stark erhöhen würde, wurde als Material Quarzglas genutzt.

In Abbildung 6.3 sind die Materialeigenschaften eines der beiden Fenster gezeigt. Aufgrund von leicht unterschiedlichen Zusammensetzungen schwanken die Werte verschiedener Quarzglasproben minimal. Das genutzte Quarzglas ist aufgrund des niedrigern Brechungsindex knapp unterhalb von 2 noch etwas besser nutzbar als das in [114] vorgestellte.

Der Abstandshalter zwischen den beiden Fenstern wurde direkt in eins der Fenster eingebaut (s. Abb. 6.2 (c) und (d)). Durch die Kanten am vorderen Ende der Fenster (hinten rechts in Abb. 6.2 (d)) sind die Fenster selbstabdichtend. Diese Konstruktion ist sehr einfach gehalten, sie ist allerdings relativ anfällig für mechanische Belastungen, die vom Glas nur schlecht abgefangen werden können.

Im Betrieb hat es sich gezeigt, dass der schmale Bypass nur sehr wenig Material durchlässt und bei härteren Mischungen dazu neigt, zu verstopfen. Das Material wird eher in den direkten Pfad des geringeren Widerstandes gelenkt. Dennoch ist das Material im Bypass repräsentativ für das Material im Hauptstrom, solange hier ein Vortrieb zu beobachten ist.

Die Terahertzantennen und -optiken werden in Metallrohren gelagert (s. Kapitel 4.2.4 auf Seite 65), die in die Sonde eingeschraubt werden können. Somit ist ein stabiles System entstanden, mit dem Inline-Messungen im Extrusionsprozess durchgeführt werden konnten. Durch eine freie Faserlänge von 12 m kann das Rack mit Laser und Steuerung flexibel aufgebaut werden und ggf. von einer Position aus mehrere Extruder bedienen, allerdings sollte die Elektronik (Spannungsversorgung, Verstärker, A/D-Wandler) mit einer Kabellänge von max. 5 m an die Antennen angebunden sein.

6.1.2 Einfluss des Extruder-Innendrucks auf den Terahertz-Brechungsindex

In einem Extruder herrscht prinzipbedingt ein sehr hoher Druck. Bei der Elastomerextrusion liegt der Druck im Bereich von 100 bar, er hängt von Rahmenbedingungen wie der Form des Extrudermundes, der Schneckendrehzahl, der Mischungstemperatur und der Härte der Mischung ab. An dieser Stelle soll zumindest für die unpolaren Elastomere abgeschätzt werden, wie stark sich eine Änderung im Extruderinnendruck, etwa durch die Matieralhärte oder eine Änderung im Extrusionsprofil, auf den Brechungsindex auswirkt.

Die Clausius-Mossotti-Gleichung [115]

$$P_m = \frac{\epsilon_r - 1}{\epsilon_r + 2} \frac{M_m}{\rho} \tag{6.1}$$

verknüpft für unpolare Stoffe die molare Polarisation P_m mit der Dielektrizität ϵ_r, der molaren Masse M_m und der Dichte ρ. Bei polaren Stoffen ist eine Erweiterung zur Debye-Gleichung notwendig, die zusätzlich die Orientierungspolarisation berücksichtigt. Hieraus ergibt sich mit $\epsilon_r = n^2$ für Materialien mit $\mu_r \approx 1$, also auch für die meisten Elastomere, die Abhängigkeit zwischen Dichte und Brechungsindex

$$\rho = \frac{n^2 - 1}{n^2 + 2} \frac{M_m}{P_m}. \tag{6.2}$$

Entsprechend gilt mit $\eta = \frac{M_m}{P_m}$

$$n = \frac{\sqrt{\eta + 2\rho}}{\sqrt{\eta - \rho}}. \tag{6.3}$$

Der Brechungsindex steigt mit zunehmender Dichte des Materials an.

Zur Bestimmung der Dichte wird der Kompressionsmodul

$$K := -V\frac{\partial P}{\partial V} = \rho\frac{\partial P}{\partial \rho} \tag{6.4}$$

$$\frac{\partial \rho}{\partial P} = \frac{\rho}{K} \tag{6.5}$$

benötigt. Der Kompressionsmodul ist eine Materialkonstante und gibt die relative Volumenänderung $\frac{\partial V}{V}$ bzw. die Dichteänderung $\frac{\partial \rho}{\rho}$ bei der Druckänderung ∂P an. Im Fall von Elastomeren sind die der Kompression entgegenwirkenden Kräfte van-der-Waals-Kräfte [116].

Die für die Dichteänderung benötigte Kraft und damit K steigt mit dem Druck. An dieser Stelle wird angenommen, dass die Dichteänderung klein genug ist, um von einem konstanten Kompressionsmodul auszugehen (s.u.). Ebenfalls gelten die Beziehungen (6.4) und (6.5) nur bei einer Kompression ohne Phasenübergänge. Der Kompressionsmodul von Gummi liegt, abhängig von der Art und den genutzten Additiven, in der Größenordnung von $1 \cdot 10^9 \frac{N}{m^2}$ (s. Tab. 6.1), was im Vergleich zu anderen Feststoffen (z.B. Stahl mit $160 \cdot 10^9 \frac{N}{m^2}$) relativ niedrig ist.

In Tabelle 6.1 sind realistische Schätzungen für die Berechnung der Brechzahländerung aufgelistet. Die Werte stammen aus unterschiedlichen Quellen, konkrete Werte für die vermessenen Proben liegen nicht vor. Allerdings zeigt schon eine Überschlagsrechnung, dass der Einfluss guten Gewissens vernachlässigt werden kann.

Tabelle 6.1: Werte zur Abschätzung der Brechzahländerung bei einer Druckänderung von 10 bar am Beispiel von NR

Größe	Formelzeichen	Wert	Quelle
Molare Masse[ii]	M_M	$1 \cdot 10^6\, g/mol$	[117]
Molare Polarisation	P_M	$19\, cm^3/mol$	Formel (6.2), Abb. 5.4.1
Dichte bei Umgebungsdruck	ρ_0	$0{,}92\, g/cm^3$	[118]
Kompressionsmodul	K	$1 \cdot 10^9 Pa$	[116]

Mit den Werten aus Tabelle 6.1 ergibt sich eine Dichteänderung von $92 \cdot 10^{-6} \frac{g}{cm^3\, bar}$, bei einer Druckänderung von 10 bar ändert sich die Dichte demnach um $920 \frac{\mu g}{cm^3}$, also nur um einen Bruchteil. Damit ist klar, dass der Einfluss des Extruderdruckes auf den Brechungsindex verschwindend gering sein sollte. Zusätzlich beträgt der Wert $\eta \approx 5300 \frac{g}{cm^3}$, ist also im Vergleich zu $\rho = 0{,}92 \frac{g}{cm^3}$ ebenfalls sehr klein. Insgesamt scheint der Einfluss der Dichte und somit der Kompression auf die Brechzahl sehr gering, was sich mit den im Folgenden gezeigten Messungen deckt, in denen kein nennenswerter Einfluss beobachtet wurde.

Die Temperatur des Materials im Extruder hat auch einen entscheidenen Einfluss auf den Brechungsindex. N. Krumbholz zeigt für Polypropylen eine lineare Entwicklung des

[ii] Die Molare Masse eines Naturkautschuks hängt von vielen Faktoren, u.a. dem Alter des Baumes, ab [117]. Kautschuk von älteren Bäumen hat eine höhere molare Masse, hier wird ein durschnittlicher Wert eines 7jährigen Baumes angenommen.

Brechungsindex bei steigender Temperatur (1,434 für 220°C, 1,416 für 290°C), zurückzuführen auf eine Dichteänderung [119].

In der Polymerextrusion, die in der o.g. Studie betrachtet wird, liegt das zu bearbeitende Material im flüssigen Zustand (Schmelze) vor. Im Gegensatz dazu werden Elastomere bei niedrigen Temperaturen im festen Aggregatzustand extrudiert, in dem die Ausdehnung mit der Temperatur deutlich geringer ist. Außerdem ist die Temperatur im Vergleich zur Polymerextrusion geringeren Schwankungen unterlegen. Ein Einfluss der Prozesstemperatur ist entsprechend nicht zu erwarten.

6.2 Datenauswertung

Der Anwender einer Terahertzsonde erwartet als Ausgangssignal eine einfach zu interpretierende Aussage, im Idealfall eine ja/nein-Entscheidung („Entspricht das Material der Spezifikation?“). Eine spektrale Auswertung ist hierfür in den meisten Fällen nicht notwendig, erweist sich aufgrund der hohen Absorption und dem damit verbundenen Rauschlevel auch als schwierig. Im Folgenden sollen einige Ansätze gezeigt werden, mit denen die Umsetzung des Signals in einen einfachen numerischen Wert und damit verbunden einer klaren, leicht verständlichen Aussage erreicht wird.

6.2.1 Amplitude bei fester Verzögerung

Für die Aufgabe der Rezepturüberwachung reicht erstmal eine einfache Auswertung im Zeitbereich aus. In [113] wurde ein statisches Terahertzsystem mit fixierter Verzögerungseinheit genutzt, das Prinzip ist in Abbildung 6.4 dargestellt. Eine Variation der Mischung ergibt einen geänderten Brechungsindex, also eine Verzögerung des Signals. Durch den zeitlichen Versatz des Pulses ändert sich an der fixen Stellung des Detektors das Ausgangssignal. Durch die steile Flanke reagiert die Amplitude empfindlich auf Schwankungen im Brechungsindex.

Dieses Verfahren kommt ohne eine Verzögerungseinheit aus, die ständig die Pulse abtastet. Stattdessen benötigt es nur eine Verzögerung, die das Abtastsignal optimal auf die Signalflanke legt. Diese kann relativ langsam sein und braucht keine exakte Positionsinformation zu liefern. Die Feingewinde, die im hier genutzten System für die Einstellung der Länge der Terahertzstrecke genutzt werden sind hierfür ausreichend.

Auch wenn die statische Messung durch ihren einfachen Aufbau Vorteile hat, ist sie relativ störanfällig. Zu große Änderungen führen zu einem Übersteuern, wie es in Abbildung 6.4 links zu sehen ist: Das Spitzensignal durchläuft bei fallendem Brechungsindex die Sensorposition, woraufhin das Signal ab einem bestimmten Punkt nicht weiter steigt, sondern fällt. Ebenfalls können verschiedene Störeffekte wie eine Temperaturschwankung in den Fasern (Kap. 4.1.5) oder eine Leistungsschwankung zu einer Fehlinterpretation führen.

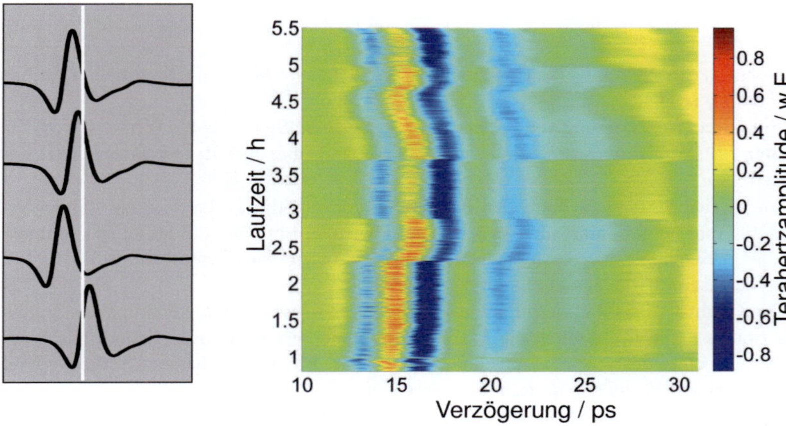

Abbildung 6.4: Auswertung mit der Amplitude bei fester Verzögerung am Beispiel der in Kap. 6.3 gezeigten Messung.

6.2.2 Amplitude

Die Amplitude des Signals wird durch die Zusätze im Material unterschiedlich stark gedämpft, die Absorption der meisten Additive ist stärker als die des Rohmaterials. Zusätzlich schwankt die Amplitude bei Brechzahländerungen durch Reflexion. Die Maximalamplitude des Terahertzpulses lässt sich sehr einfach ermitteln. Durch die Mittelung mehrerer Pulse kann das Rauschen deutlich gesenkt werden.

Dieses Verfahren reagiert nicht auf Störeinflüsse auf die Signallaufzeit und ist entsprechend robust, erweist sich aber als wenig sensitiv. Durch den Einfluss der Reflexion kann die Amplitude trotz einer steigenden Absorption durch eine gleichzeitige Brechzahländerung steigen, wenn eine Brechzahlanpassung zwischen dem Fenstermaterial und der Probe entsteht.

6.2.3 Laufzeit

Die Betrachtung der Signallaufzeit liefert einen direkten Rückschluss auf den Brechungsindex der Probe, der, wie bereits in Kapitel 5.4.1 zu sehen ist, ein sehr deutliches Maß für die Zusammensetzung des Materials ist. Das Echo ist ein zeitlich sauber separierter Puls, der das Signal an dieser Stelle nicht beeinträchtigt. Der Zeitversatz Δt entsteht durch den erhöhten Brechungsindex Δn im Material:

$$\Delta t = \frac{l}{c_0}\Delta n, \qquad (6.6)$$

wobei c_0 die Vakuumwellenlänge und l die Weglänge im Material (im aktuellen Aufbau l = 1,5 mm) ist.

Eine Brechzahländerung von 0,1 entspricht also einem Signalversatz von ca. 0,5 ps. Ein breiterer Materialstrom würde die Sensitivität erhöhen, aber auch den SNR senken (s. Kapitel 4.2.4).

Im Vergleich zur Auswertung der Signalamplitude benötigt die Laufzeit ein stabiles System mit einer funktionierenden Verzögerungskontrolle. Ein Drift auf der Pulsposition, etwa durch eine ungenaue Messung des Faserstreckers oder einen Temperaturdrift zwischen den Glasfasern, wirkt sich direkt auf das Signal aus.

Die Qualität dieser Auswertung wird deutlich verbessert, wenn die Position des Signalmaximums nicht direkt durch die Maximalamplitude bestimmt wird, sondern durch das Maximum eines entsprechend angefitteten Polymers. Ein entsprechendes Werkzeug wird von Matlab zur Verfügung gestellt und hier genutzt.

Eine Verbesserung der Datenauswertung würde sich durch die frequenzaufgelöste Auswertung der Phase anbieten. Allerdings absorbieren die hier gemessenen Proben zu stark, weswegen die frequenzaufgelöste Messung nicht sensitiv genug ist. Wie in [27] gezeigt wird, ist das SNR im Zeitbereich höher als im Frequenzbereich (siehe auch Kapitel 2.4 auf Seite 12), weswegen die Gesamtsensitivität bei den gegebenen Proben durch die Auswertung im Zeitbereich besser ist als bei einer Auflösung im Frequenzbereich. Bei schwächer absorbierenden Proben oder einem leistungsfähigeren Terahertzsystem späterer Generationen kann eine spektrale Auswertung jedoch sinnvoll werden.

6.3 Inline-Messungen am Extruder

Zur Beurteilung der Möglichkeiten, die die hier vorgestellte Sonde bietet, wurden Messungen an einem Technikums-Extruder bei der ContiTech AG mit Materialien der ContiTech durchgeführt.

Der kleine Extruder erlaubt relativ schnelle Mischungswechsel bei einem akzeptablen Materialdurchsatz von 200 $\frac{\text{kg}}{\text{h}}$ und lässt sich problemlos von einer Person bedienen. Durch die Nutzung einer Mischung ohne Vernetzer konnte das Material mehrfach verwendet werden, ohne dass sich die Materialeigenschaften nennenswert verändern. Dabei wurde darauf geachtet, dass nur Material wiederverwendet wurde, dessen Zusammensetzung eindeutig bekannt war. Material, das bei Mischungswechseln genutzt wurde, wurde kein zweites Mal eingesetzt.

Als Beispiele für Messungen sollen hier zwei Messreihen gezeigt werden. Zuerst werden Mischungswechsel simuliert, bei denen der Extruder ein anderes Material verarbeitet. Im zweiten Schritt werden relativ kleine Variationen in der Mischungszusammensetzung einer festen Materialmischung betrachtet.

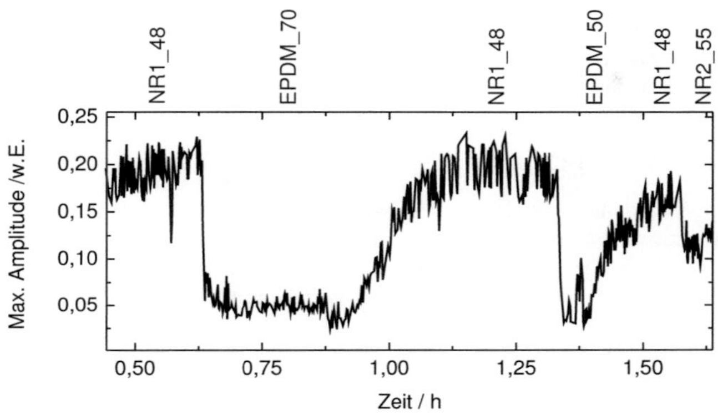

Abbildung 6.5: Inline-Messung von Rezepturwechseln mit verschiedenen Materialien. Gezeigt ist die Signalamplitude.

6.3.1 Mischungswechsel

Bei dieser ersten Messreihe wurden noch Erfahrungen zur Umgebung des Extruders und damit verbunden der Stabilisierung des THz-Systems gesammelt. Durch einen deutlichen Drift auf dem Signal ist eine Auswertung der Signallaufzeit hier noch nicht möglich. Die zu zeigenden Effekte sind jedoch auch in der Signalamplitude deutlich sichtbar.

Für die Rezepturvariationen wurden vier verschiedene Materialien genutzt. Zwei NR-Mischungen mit unterschiedlichen Rußgehalten und Härtegraden und zwei EPDM-Mischungen, ebenfalls mit Variationen der Härte. Die Materialien wurden in der Reihenfolge

$$\text{NR1\_48} \Longrightarrow \text{EPDM\_70} \Longrightarrow \text{NR1\_48} \Longrightarrow \text{EPDM\_50} \Longrightarrow \text{NR1\_48} \Longrightarrow \text{NR2\_55}$$

in den Extruder gefüllt. Dabei bezieht sich die angehängte Zahl wie gewohnt auf die Härte der Mischung. Der Wechsel von NR1_48 auf NR2_55 ist also primär der Wechsel auf eine härtere Mischung mit einem höheren Rußgehalt. Der Erwartung entsprechend hat EPDM_70 als die härteste Mischung die größte Absorption.

Während der Messung (Abb. 6.5 zeigt die Amplitude) zeigt es sich deutlich, dass die Amplitudenänderung und damit verbunden das Materialprofil davon abhängt, ob der Wechsel von einer weicheren auf eine härtere Mischung oder andersrum abläuft. Dieser Effekt wird anhand der nächsten Messreihe genauer untersucht. Der Anteil der Mischung, der durch den Nebenstrom geht ist bei weicheren Materialien auch deutlich größer als bei härteren.

Wie aus den Voruntersuchungen zu erwarten war, korreliert die Absorption mit dem Rohelastomer und der Härte (bzw. dem Rußgehalt) der Mischung. Man sieht allerdings auch, dass das Signal stark schwankt. Für die Darstellung wurden Pulse mit einer Frequenz von ca. 10 Hz aufgenommen und über 10 Sekunden gemittelt. Auch bei kürzeren Integrationszeiten von 2-4 Sekunden zeigt sich keine nennenswerte Abnahme der Sensitivität.

6.3.2 Rezepturvariationen

In der zweiten Messreihe sollten kleine, ungewollte Variationen in der Materialzusammensetzung simuliert werden. Solche Änderungen können zum Beispiel durch ein Auswaschen der Zutaten über der Probe (vergleichbar Kap. 5.1) oder Schwankungen in der Zusammensetzung, wie sie im Folgenden simuliert werden, entstehen. Auch menschliche Fehler sind nicht ganz auszuschließen.

Aus den Erfahrungen der vorhergegangenen Messungen wurde das THz-System an die Messaufgabe angepasst. Unter anderem wurde die Zeitaufnahme des Faserstreckers robuster ausgelegt, da sie, wahrscheinlich durch den Einfluss von Temperaturschwankungen und Vibrationen bei den ersten Messungen, nicht zuverlässig funktioniert hat. Negative Einflüsse der Faserverlegung (vgl. Kap. 4.1.5) konnten bei der zweiten Messreihe ausgeschlossen werden, da die Fasern entsprechend verlegt sind. In dieser Messreihe war die Zeitaufnahme somit stabil und konnte als Maß für die Datenaufnahme genutzt werden.

Für die im Folgenden gezeigten Messungen zu kleinen Variationen derselben Rezeptur wurde eine einfache Modellmischung genutzt. Neben der Referenzmischung cNR_48 wurden zwei Variationen hergestellt. Die wichtigen Zutaten Ruß und ZnO wurden bei den Variationen um zwei Gewichtsprozent variiert. Die Zusammensetzung wurde mit Thermogravimetrie bestimmt und ist in Tabelle 6.2 dargestellt.

Tabelle 6.2: Zusammensetzung der Proben für die Inline-Messung zur Rezeptvariation, thermogravimetrische Messung. Die Bezeichnungen beziehen sich auf den Sollwert.

Name	Referenz	+2% Ruß	+2% ZnO
NR [%]	85,3	83,3	83,4
Ruß [%]	10,5	12,6	10,3
ZnO [%]	4,1	4,1	6,3

Als Zielsetzung und Mininmalanforderung für einen praktischen Einsatz der Technologie wurde die Detektion einer absoluten Änderung von $\pm 1\%$ identifiziert, also der halben Konzentrationsschwankung der Beispielmischungen. Eine Mischung der Referenzmischung mit einer Variation zu gleichen Teilen sollte also die Zielmischung ergeben.

Es wurde bereits gezeigt, dass die Temperatur der Terahertzantennen Einfluss auf das Signal hat (s. Kap. 4.1.4). Erste Messungen deuten darauf hin, dass die Temperatur an den Antennen bei der genutzten Sondenkonstruktion ca. 30 Minuten nach Anschalten des Extruders stabil ist. Zu dem Zeitpunkt beträgt die Temperatur des Antennengehäuses ca. +40 °C. Diese Zeit wurde vor Beginn der eigentlichen Messung gewartet, um entsprechende Einflüsse auszuschliessen. Da die Temperatur des Extruders jedoch noch anderen Faktoren unterliegt und nicht konstant ist, sollte für den finalen Einsatz der Sonde eine verbesserte Isolation oder Kühlung verbaut werden (s. Kap. 6.4.1).

Abbildung 6.6 zeigt die Signale der Messung. Dabei zeigt die x-Achse die Verzögerung des Pulses und die y-Achse die Zeit, die seit Beginn der Messung vergangen ist mit einem beliebigen Nullpunkt, der vor Beginn der eigentlichen Messung liegt. Die Signalamplitude ist in der Farbkarte codiert, wie es bei dem Terahertzpuls oberhalb vom Graphen angezeigt ist. Man erkennt, dass die Änderungen in der Position der Pulse, also die Brechzahländerung, deutlich stärker ist als die Änderung der Amplitude, also der Absorption.

Die aufgelöste Amplitude, die Flankenamplitude und die zeitliche Position der Maximalamplitude sind in Abbildung 6.7 gezeigt. Zur Orientierung sind jeweils der prozentuale Gehalt an CB und ZnO in den oberen beiden Graphen gezeigt. Die Messung wurde bei 120 min für 40 Minuten unterbrochen, in dieser Zeit ist das gesamte System abgekühlt und der Vortrieb war ausgeschaltet. Das Material im Messfenster blieb konstant und zeigt keine nennenswerte Variationen. Eine ungewollte Vulkanisation oder ähnliche Einflüsse auf das Material konnten durch eine anschließende Sichtkontrolle des Materials ausgeschlossen werden. Es hat sich keine merkliche elektromagngetische Einstreuung in das System gezeigt, so dass das Signal in diesem Bereich im Folgenden genutzt wird, um das Rauschlevel der Messung zu bestimmen.

Die Terahertzsonde ermöglicht die direkte Beobachtung eines bekannten Effektes bei Mischungswechseln in der Extrusion. Während eine weichere Mischung (in diesem Fall die Referenzprobe) sich im Extruder in die härtere (mit zugesetztem Ruß) mischt und durch einen langsamen Auswaschprozess auszeichnet (z.B. Punkt ① in Abb. 6.7, Abb. 6.8 (c)), schiebt ein härteres Material das weichere vor sich aus dem Extruder (Punkt ②, Abb. 6.8 (d)). Hier ist auch klar, dass bei einem Materialwechsel nicht absehbar ist, nach wie viel Zeit der Wechsel vollständig abgeschlossen ist.

Die Zeitkonstante eines Mischungswechsels liegt bei den hier getesteten Materialien zwischen 5 und 20 Minuten, wobei der Wechsel schneller vonstatten geht, wenn die neue Mischung härter ist als die alte. Eine härtere Mischung drückt die weichere aus dem Extruder und es entsteht ein klarer Schnitt und damit eine kurze Wechselzeit. Beim Wechsel auf eine weichere Mischung vermischen sich die beiden Materialien und das alte Material wird langsam aus dem Extruder gewaschen, der Wechsel dauert deutlich länger. Bei den hier getesteten Mischungen ist der Unterschied zwischen dem schnellsten und dem langsamsten Wechsel ca. 15 Minuten, was einem Materialdurchsatz von 50 kg Material pro Wechsel entspricht.

Um den Aufwand der Probenherstellung zu minimieren, wurden kleinere Stufen der Rezepturvariation simuliert, indem eine Mischung von zwei Ausgangsmischungen in den Extruder gegeben wurden. Pro Material wurde ein schmaler Streifen in den Extruder gefüttert, die beiden Streifen waren ungefähr gleich breit. Diese Technik wird in Mischextrudern genutzt, um mit einer möglichst geringen Anzahl von vorgemischten Standardmischungen ein breites Spektrum an verschiedenen Variationen einer Materialfamilie, z.B. Dämpergummi mit einem breiten Spektrum an Härtegraden, anbieten zu können.

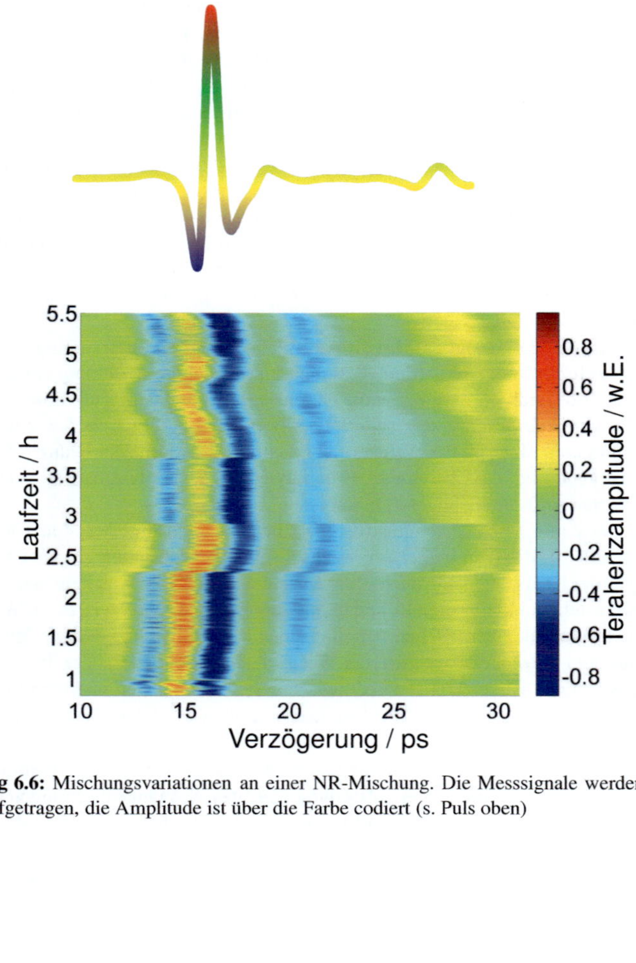

Abbildung 6.6: Mischungsvariationen an einer NR-Mischung. Die Messsignale werden über der Zeit aufgetragen, die Amplitude ist über die Farbe codiert (s. Puls oben)

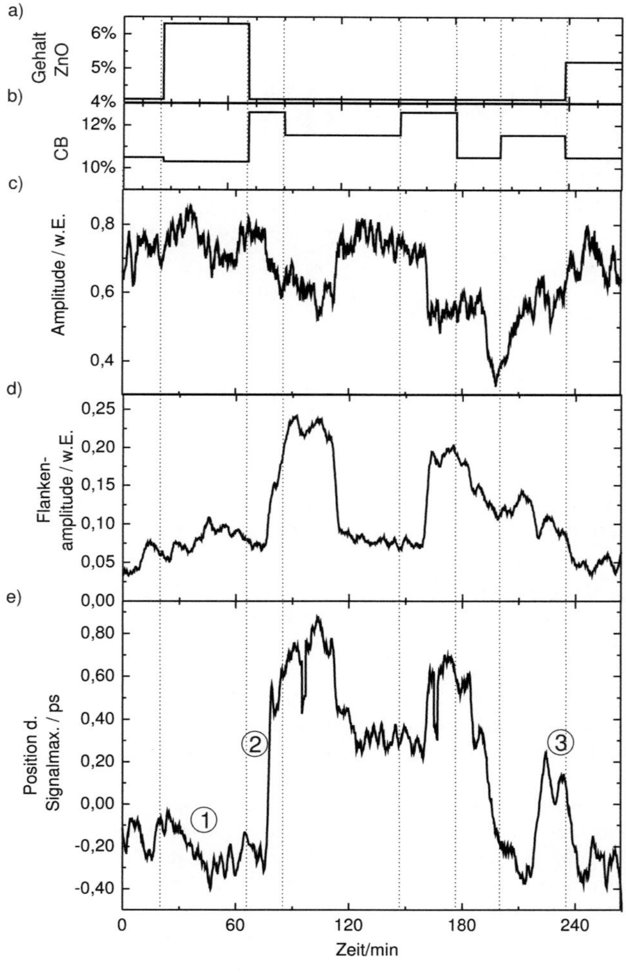

Abbildung 6.7: (c) Amplitude, (d) Flankenamplitude und (e) Signalposition des Terahertzpulses über der Messzeit. Zur Orientierung sind in den oberen Graphen der prozentuale Gehalt von Ruß (CB, a) und Zinkoxid (ZnO, b) gegeben. Auch Änderungen im Bereich von 1 % im Rußgehalt können detektiert werden, s. unten.

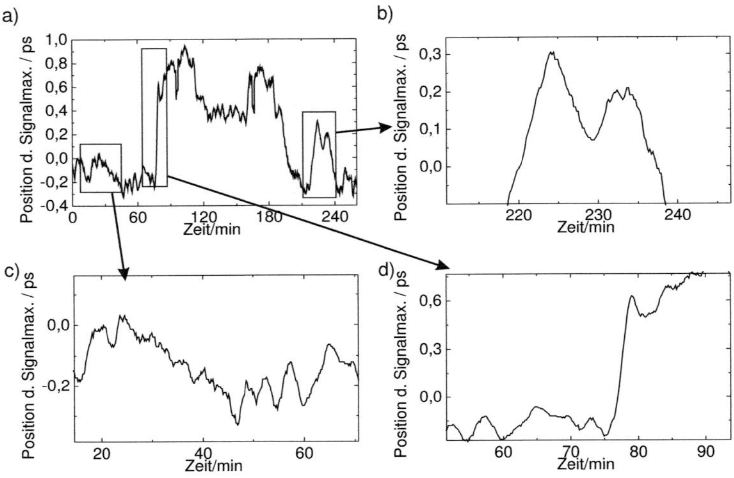

Abbildung 6.8: Ausschnitte des Laufzeitgraphen (a): Mischung von 2 Rohmischungen (b), Wechsel auf eine Mischung mit zugesetztem ZnO (c) und Ruß (d).

Am Zeitpunkt ③ (6.8 (d)) sieht man, dass die Terahertz-Signalposition deutlich stärker schwankt als das bei den vorgemischten Materialen der Fall ist. Das eingefüllte Material ist hier eine Mischung aus den Materialien „Referenz“und „+2% Ruß“, die offensichtlich nicht ausreichend gut vermischt werden. Der eingesetzte Extruder ist nicht mit einer geeigneten Mischschnecke ausgestattet, was sich an dieser Stelle deutlich zeigt.

Die Effizienz der Terahertzsonde hat sich gezeigt, als an einer Stelle in der Messung (ca. bei 100 Minuten) eine fehlerhafte Materialprobe in den Extruder gefüllt wurde. Versehentlich wurde anstelle der geplanten Referenzmischung die Mischung „+2% Ruß“ eingefüllt. Diese Mischung ist auch über die Pause im Extruder geblieben und wurde vor dem Abschluss des Übergangs durch die geplante Referenzmischung ersetzt. Durch die Inlineüberwachung mit dem Terahertzspektrometer konnte der Fehler frühzeitig erkannt werden. Eine nachfolgende thermogravimetrische Messung hat die Korrektheit des ungewollten Blindtests bestätigt.

Die Pause zwischen 120 und 150 Minuten, in der das Material im Extruder identisch ist, kann genutzt werden, um das Rauschlevel des Systems zu bestimmen. Somit kann im Anschluss auch die Sensitivität des Systems bestimmt werden. Unter der Annahme, dass der laufende Extruder keine weiteren Störeinflüsse (Vibration, elektromagnetische Einstrahlung) erzeugt, zeigt das Signal in diesem Bereich das Systemrauschen der THz-Sonde. In diesem Bereich von 160 Messwerten beträgt die Standardabweichung der Peakposition 35 fs, was einer Schwankung von 0,14% in der Ruß- bzw. 0,3% in der ZnO-Konzentration entspricht. Üblicherweise spricht man bei der dreifachen Standardabweichung von einem relevanten Signal, also ist bei der gegebenen Konfiguration aus System, Extruder und Material die minimal detektierbare Änderung des Zusatzstoffgehaltes bei 0,42% für Ruß bzw. 0,9% für ZnO. Allerdings hängt dieser Wert von vielen Faktoren, u.a. der konkreten Zusammensetzung und Absorption des Materials ab.

Während der Messung kommt es immer wieder zu starken Schwankungen im Signal. Abgesehen von einigen offensichtlichen systematischen Messfehlern bei 110 und 170 Minuten dürfte es sich hier um echte Schwankungen der Materialzusammensetzung handeln.

6.4 Weitere Schritte zur Verbesserung der Inline-Messung

Mit der gesammelten Erfahrung der durchgeführten Entwicklung und Messungen soll an dieser Stelle trotz der erfolgreichen Demonstration der Terahertz-Extrudersonde nochmal ein Blick auf verschiedene Alternativen und mögliche Verbesserungen für den genutzten Aufbau geworfen werden. Die Haupthürde für eine reproduzierbare Messung war und ist die hohe Absorption des Materials, die auch zum Einsatz eines Bypass geführt hat.

6.4.1 Temperierung der Antennen

Zwar fehlen bisher belastbare Tests der Terahertzantennen, allerdings hat ein Satz Antennen ca. 5 Temperaturzyklen mit jeweils mindestens 50 K ohne messbare Einbuße in der Signalqualität überstanden. Für ein qualifiziertes Bauteil im Bereich des Automobilbaus oder der industriellen Nutzung wären üblicherweise 10 000 Zyklen notwendig.

Auch wenn in diesen Tests festgestellt wurde, dass das konkrete Antennenpaar positiv auf höhere Temperaturen reagiert, empfiehlt sich eine Temperaturstabilisierung bei einem Wert in der Größenordnung von 30 bis 50 °C. In Zukunft können weitere Antennenbaureihen auch eine andere, günstigere Temperaturabhängigkeit zeigen.

Eine Temperierung der Antennenmodule würde neben ihrer geringeren Belastung auch für eine erhöhte Stabilität führen. Bei der gegebenen Wärmeentwicklung dürfte es ausreichen, einen Teil der Sonde aus Kunststoff auszulegen, der eine deutlich geringe Wärmeleitfähigkeit hat. Bei höheren Temperaturen kann auch eine Wasserkühlung eingesetzt werden.

6.4.2 Reflexionsaufbauten

Ein Aufbau in Reflexion (Abb. 6.9) würde das Problem der hohen Absorption lösen und man könnte ohne Bypass arbeiten. Auch eine Reflexionsmessung liefert Absorption und Brechungsindex [120]. Aufbauten ohne Strahlteiler (Abb. 6.9 (a)) nutzen das gesamte THz-Signal aus, jedoch ergibt sich eine etwas kompliziertere Auswertung als beim Reflexions-

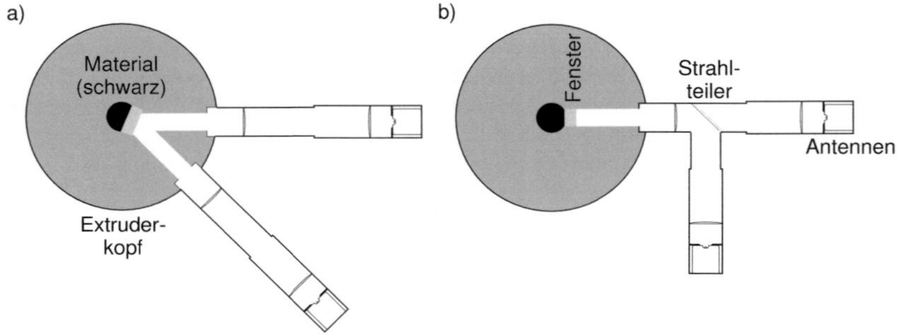

Abbildung 6.9: Reflexionssonden ohne (a) und mit (b) Strahlteiler als Alternative zur Transmissionssonde mit Bypass.

aufbau mit Strahlteiler (Abb. 6.9 (b)). An dieser Stelle würde man den Aufbau ohne Strahlteiler bevorzugen.

Ebenfalls denkbar wäre die Implementation eines ATR-Spektrometers (Attenuated Total Reflection) [121], [122], das üblicherweise für Messungen an Flüssigkeiten genutzt wird. Die ATR basiert auf einer Reflexion in einem Winkel nahe der Totalreflexion. Bereits eine geringe Änderung im Brechungsindex erzeugt eine deutliche Signaländerung.

Beide Technologien sollten insbesondere bei den stark absorbierenden Elastomerproben deutliche Vorteile gegenüber der Transmissionsspektroskopie bieten. Die momentan größte Herausforderung der Transmissionsspektroskopie ist die hohe Absorption der rußgefüllten Mischung. Die optimale Probendicke für eine Transmissionsmessung [104] beträgt für das Material NR2_55 aus Abb. 5.14 ca. 400 µm ($d_{opt} = \frac{2}{\alpha}$) [104]. Bereits der 1,5 mm dicke Kanal tendiert zur Verstopfung. Bei einem schmaleren Kanal wird es schwierig, einen gleichmäßigen Durchfluss einer repräsentativen Materialmenge sicherzustellen.

Allerdings ist die Eindringtiefe ins Material bei Reflexionsmessungen nur sehr gering. Somit kommt die Information primär vom Übergang Glasfenster - Material, eine Verschmutzung des Fensters mit einer alten Mischung oder die Anreicherung von Zusatzstoffen am Rand des Extruderkanals würde das Messergebnis verfälschen. Vor allem Gleitmitteln (Kap. 3.4.4) werden dafür eingesetzt die Oberflächen, mit denen die Mischung beim Durchlaufen des Extruders Kontakt hat, zu benetzen. Eine größere Menge Gleitmittel auf der Sensoroberfläche kann speziell bei Reflexionssensoren, die nur die Oberfläche des Materialstroms sehen, das Messergebnis verfälschen.

7 Zusammenfassung und Ausblick

Die Terahertzspektroskopie ist bereits seit einigen Jahren erwachsen. Durch den technischen Fortschritt, insbesondere die Entwicklung stabiler und bedienerfreundlicher Faser-Kurzpulslaser sind die heute verfügbaren Systeme nicht mehr vergleichbar mit den Entwicklungen der 1990er-Jahre. Dennoch sträuben sich die potentiellen Anwender, den Schritt zum breiten Einsatz der Technologie zu gehen. Das liegt zum einen an der vorsichtigen Art vieler Unternehmen und Branchen, die eine neue Technologie erst einsetzen werden, wenn deren Zuverlässigkeit im großindustriellen Ansatz zweifelsfrei geklärt ist, zum anderen wurden die meisten erfolgreichen Untersuchungen im Terahertzbereich an idealisierten Proben durchgeführt, deren Zusammensetzung und Geometrie zwar für die Messungen geeignet sind, mit der Realität der angesprochenen Anwendung aber wenig bis nichts zu tun haben.

Wenn man sich mit der Messtechnik an Polymeren und Elastomeren beschäftigt, kommt man sehr bald an den Punkt, an dem man neben dem Polymer als solches auch die genutzten Zustatzstoffe betrachten muss. Diese haben einen größeren Einfluss auf die physikalischen Eigenschaften des Werkstoffes als das Ausgangsmaterial, häufig machen sie mehr als die Hälfte der Materialmischung aus.

Dem tragen die hier gezeigten Messungen Rechnung. Ein Großteil der Beispiele beschäftigt sich weniger mit dem Elastomer selber als mit den funktionellen Zusatzstoffen und der Verarbeitung der Materialmischung. Dies entspricht auch dem allgemeine Trend in der Elastomerforschung, die sich momentan mit der Funktionalisierung von Materialien mit Zusatzstoffen und spezialisierten Materialien für verschiedene Einsatzgebiete beschäftigt.

Trotz des hohen Rußgehaltes können Terahertzmessungen an dünnen Proben vieler elastomerer Werkstoffe durchgeführt werden. Auch Proben, die ca. 2 mm dick sind können durchdrungen und vermessen werden, was die Terahertzspektroskopie gegenüber der optischen Spektroskopie oder der FTIR hervorhebt. Dabei können kontaktfrei und durch eine Reihe von Fenstermaterialien hindurch Informationen über die Zusammensetzung der Mischung und sogar die Verarbeitungsqualität, konkret die Dispergierung des eingesetzten Ruß, gewonnen werden. Bei diesen Messungen trifft man auf zwei Herausforderungen.

Zum einen ist die Materialoberfläche bei vielen Proben relativ ungleichmäßig, zum anderen ist die Homogenität der Probe auch bei gut hergestellten Materialien und Proben deutlich geringer als bei vielen anderen Probengruppen aus der Polymertechnik. Entsprechend sollten Messungen mit kollimierten Strahlen durchgeführt werden oder noch besser Punktmessungen an ausreichend vielen Punkten der Probe durchgeführt und gemittelt werden.

Elastomere verbinden eine hohe Elastizität mit einer geringen Kompressibilität. Somit ist es möglich, unebene Oberflächen und bis zu einem gewissen Punkt Lufteinschlüsse durch einen geeigneten Probenhalter auszugleichen. Eine stabile Halterung mit Fenstern aus PTFE würde sich hier anbieten.

Die hohe THz-Absorption von Ruß ermöglicht gleichzeitig eine sehr empfindliche Detektion von Schwankungen und Fehlern im Rußgehalt der Mischung. Insgesamt werden die spektroskopischen Eigenschaften einer Mischung deutlich vom Ruß beeinflusst und es ist fraglich, ob Bauteiluntersuchungen (vergleichbar mit erfolgreichen Messungen an Polymerklebestellen [55]) und Untersuchungen an den chemischen Eigenschaften (z.B. Vernetzungsgrad und Kettenlänge des Elastomers etc.) des finalen Materials, das mit Zusatzstoffen versetzt ist, machbar sind. Die Eigenschaften dürften größtenteils von den Zusätzen, insbesondere vom Ruß überdeckt werden.

Dennoch wurden auf den letzten Seiten diverse Messungen gezeigt, die neben akademischen Grunduntersuchungen von Elastomeren auch nutzbare Fertigungsprüfungen aufzeigen. Vor allem die hohen Anforderungen an die Probenpräparation für etablierte Verfahren (z.B. Viskosität nach Moore) sind eine Möglichkeit, mit einer neuen, kontaktfreien Methode zu punkten, deren Anforderungen an die Probe nur in einem relativ dünnen, planparallelen Streifen des zu untersuchenden Materials besteht. Zwar ist die für die Messung ideale Dicke mit einigen hundert Mikrometern sehr gering, jedoch kann auch mit Probendicken in der Größenordnung von 1 bis 2 mm eine klare Messaussage getroffen werden.

Fasergekoppelte Terahertzsysteme sind geeignet, um auch in Industrieumgebungen zuverlässig zu funktionieren. An einigen Stellen sind dennoch Vorsichtsmaßnahmen vonnöten. Zum ersten Mal wurde der Einfluss der Temperatur auf Multilayer-Antennenchips für eine Anregungswellenlänge von 1550 nm im Bereich um die Zimmertemperatur untersucht. Das auf dem ersten Blick überraschende Ergebnis, ein steigendes SNR mit höheren Temperaturen, ist auf die Bandstruktur des Materials zurückzuführen. Durch die Multilayerstruktur des Materials gibt es periodische Schwankungen in der Absorption, die mit der Temperatur schieben. Bei der gegebenen Kombination von Antenne und Anregungslaser schiebt ein Absorptionsmaximum der Antenne ins Spektrum des gepulsten Lasers. Im Temperaturbereich zwischen 20 und 30 °C, in dem sich die meisten Messungen abspielen sollten, sind die Einflüsse vernachlässigbar. Dennoch sollte bei Messungen, bei denen die Temperatur besonders hoch oder niedrig ist auf eine entsprechende thermische Isolierung oder Temperierung geachtet werden.

Eine Inline-Sonde für die Echtzeit-Überwachung von Extrusions-Prozessen wurde konstruiert. Sie wurde genutzt, um die Extrusion von realistischen Elastomerproben zu vermessen. Die Sonde ermöglicht die exakte Einschätzung von Rezepturwechseln, sie kann als Bestätigung einer korrekten Rezeptur und eines korrekten Mischprozesses dienen. Diese Sonde ermöglicht im Vergleich zum Stand der Technik eine Beschleunigung der Herstellung und die Gewährleistung einer höheren Materialqualität durch die automatisierte Prüfung des produzierten Materials.

Die positiven Ergebnisse dieser Studie sollen motivieren, die Entwicklung der Extrudersonde in die großtechnische Einsatzfähigkeit voranzutreiben. Versuche mit elektronischen

Quellen und Detektoren könnten die Stabilität des Sensors weiter verbessern und langfristig Anschaffungs- und Betriebskosten senken. Des Weiteren sind vor dem praktischen Einsatz weitere Erfahrungen an Extrudern aus der Produktion notwendig. Die hohen Anforderungen an eine Inlinesonde, insbesondere bezüglich der Zuverlässigkeit und Bedienerfreundlichkeit verlangen noch einige Entwicklung, mittelfristig ist die Terahertz-Spektroskopie jedoch ein potenter Kandidat, eine wichtige Rolle in der Kette von Sensoren in der Elastomerverarbeitung zu spielen.

Literatur

[1] D. Auston und M. Nuss, „Electrooptical generation and detection of femtosecond electrical transients“, *Quantum Electronics, IEEE Journal of*, Bd. 24, Nr. 2, S. 184–197, 1988.

[2] P. Knobloch, *Bildgebende Spektroskopie mit gepulster und kontinuierlicher THz-Strahlung*. Braunschweig: Cuvillier Verlag Göttingen, 2002.

[3] D. Crawley, C. Longbottom, V. P. Wallace, B. Cole, D. Arnone und M. Pepper, „Three-dimensional terahertz pulse imaging of dental tissue“, *Journal of Biomedical Optics*, Bd. 8, Nr. 2, S. 303–307, 2003.

[4] R. M. Woodward, B. E. Cole, V. P. Wallace, R. J. Pye, D. D. Arnone, E. H. Linfield und M. Pepper, „Terahertz pulse imaging in reflection geometry of human skin cancer and skin tissue.“, *Physics in medicine and biology*, Bd. 47, Nr. 21, S. 3853–63, Dez. 2002.

[5] R. M. Woodward, V. P. Wallace, R. J. Pye, B. E. Cole, D. D. Arnone, E. H. Linfield und M. Pepper, „Terahertz pulse imaging of ex vivo basal cell carcinoma.“, *The Journal of investigative dermatology*, Bd. 120, Nr. 1, S. 72–8, Jan. 2003.

[6] A. Maestrini, J. Ward, J. Gill, H. Javadi, E. Schlecht, G. Chattopadhyay, F. Maiwald, N. R. Erickson und I. Mehdi, „A 1.7-1.9 THz local oscillator source“, *IEEE Microwave and Wireless Components Letters*, Bd. 14, Nr. 6, S. 253–255, Juni 2004.

[7] Y. Doi, S. Hirooka, A. Sato, M. Kawada, H. Shibai, Y. Okamura, S. Makiuti, T. Nakagawa, N. Hiromoto und M. Fujiwara, „Large - Format and Compact Stress Edge : Ga Array for the Astro - F (Iris) Mission“, *Advances in Space Research*, Bd. 30, Nr. 9, S. 2099–2104, Nov. 2002.

[8] J. Waters, L. Froidevaux, R. Harwood, R. Jarnot, H. Pickett, W. Read, P. Siegel, R. Cofield, M. Filipiak, D. Flower, J. Holden, G. Lau, N. Livesey, G. Manney, H. Pumphrey, M. Santee, D. Wu, D. Cuddy, R. Lay, M. Loo, V. Perun, M. Schwartz, P. Stek, R. Thurstans, M. Boyles, K. Chandra, M. Chavez, B. Chudasama, R. Dodge, R. Fuller, M. Girard, J. Jiang, B. Knosp, R. LaBelle, J. Lam, K. Lee, D. Miller, J. Oswald, N. Patel, D. Pukala, O. Quintero, D. Scaff, W. Van Snyder, M. Tope, P. Wagner und M. Walch, „The Earth observing system microwave limb sounder (EOS MLS) on the aura Satellite“, *IEEE Transactions on Geoscience and Remote Sensing*, Bd. 44, Nr. 5, S. 1075–1092, Mai 2006.

[9] T. Kleine-Ostmann, P. Knobloch, M. Koch, S. Hoffmann, M. Breede, M. Hofmann, G. Hein, K. Pierz, M. Sperling und K. Donhuijsen, „Continuous-wave THz imaging", *Electronics Letters*, Bd. 37, S. 1461–1463, 2001.

[10] E. Peytavit, A. Beck, T. Akalin, J.-F. Lampin, F. Hindle, C. Yang und G. Mouret, „Continuous terahertz-wave generation using a monolithically integrated horn antenna", *Applied Physics Letters*, Bd. 93, Nr. 11, S. 111 108, 2008.

[11] R. Mendis und D. M. Mittleman, „An investigation of the lowest-order transverse-electric (TE1) mode of the parallel-plate waveguide for THz pulse propagation", *Journal of the Optical Society of America B*, Bd. 26, Nr. 9, A6, Apr. 2009.

[12] Synview, *SynViewHead: Datenblatt, Zugriff: 12.2.2013, www.synview.de*, 2012.

[13] H. Quast, A. Keil, T. Hoyer und T. Loeffler, „All-Electronic 3D Terahertz Imaging for the NDT of Composites", in *2nd Internatioonal Symposium on NDT in Aerospace 2010*, 2010, S. 1–5.

[14] J. Ward und E. Schlecht, „Capability of THz sources based on Schottky diode frequency multiplier chains", *Microwave Symposium Digest, 2004 IEEE MTT-S International*, S. 1587–1590, 2004.

[15] T. W. Crowe, R. J. Mattauch, H. P. Roser, W. L. Bishop, W. C. B. Peatman, X. Liu, S. Member, R. J. Matmuch, A. Member und B. P. Student, „GaAs Schottky diodes for THz mixing applications", *Proceedings of the IEEE*, Bd. 80, Nr. 11, S. 1827–1841, 1992.

[16] A. Grüb, A. Simon, V. Krozer und H. L. Hartnagel, „Future developments for Terahertz Schottky barrier mixer diodes", *Archiv für Elektrotechnik*, Bd. 77, S. 57–59, 1994.

[17] T. W. Crowe, „GaAs Schottky barrier mixer diodes for the frequency range 1–10 THz", *International Journal of Infrared and Millimeter Waves*, Bd. 10, Nr. 7, S. 765–777, 1989.

[18] L. Fan, M. Fallahi, J. Hader, A. R. Zakharian, J. V. Moloney, W. Stolz, S. W. Koch, R. Bedford und J. T. Murray, „Linearly polarized dual-wavelength vertical-external-cavity surface-emitting laser", *Applied Physics Letters*, Bd. 90, Nr. 18, S. 181 124, 2007.

[19] M. Scheller, J. M. Yarborough, J. V. Moloney, M. Fallahi, M. Koch und S. W. Koch, „Room temperature continuous wave milliwatt terahertz source.", *Optics express*, Bd. 18, Nr. 26, S. 27 112–7, Dez. 2010.

[20] A. Crocker, M. F. Kimmitt, H. A. Gebbie und L. E. S. Mathias, „Stimulated Emission in the Far Infrared", *Nature*, Bd. 201, S. 250–251, 1964.

[21] Y.-S. Lee, *Principles of Terahertz Science and Technology*, 1. Aufl. Boston, MA: Springer US, 2009.

[22] R. Köhler, A. Tredicucci, F. Beltram, H. E. Beere, E. H. Linfield, a. G. Davies, D. a. Ritchie, R. C. Iotti und F. Rossi, „Terahertz semiconductor-heterostructure laser.“, *Nature*, Bd. 417, Nr. 6885, S. 156–9, Mai 2002.

[23] H. Richter, M. Greiner-Bär, S. G. Pavlov, a. D. Semenov, M. Wienold, L. Schrottke, M. Giehler, R. Hey, H. T. Grahn und H.-W. Hübers, „A compact, continuous-wave terahertz source based on a quantum-cascade laser and a miniature cryocooler.“, *Optics express*, Bd. 18, Nr. 10, S. 10 177–87, Mai 2010.

[24] H.-W. Hübers, S. Pavlov, a. Semenov, R. Köhler, L. Mahler, a. Tredicucci, H. Beere, D. Ritchie und E. Linfield, „Terahertz quantum cascade laser as local oscillator in a heterodyne receiver.“, *Optics express*, Bd. 13, Nr. 15, S. 5890–6, Juli 2005.

[25] L. Xu, X. Zhang und D. H. Auston, „Terahertz materials beam generation by femtosecond optical pulses in electro-optic“, *Appl. Phys. Lett.*, Bd. 61, Nr. 15, S. 1784–1786, 1992.

[26] P. U. Jepsen, R. H. Jacobsen und S. R. Keiding, „Generation and detection of terahertz pulses from biased semiconductor antennas“, *Journal of the Optical Society of America B*, Bd. 13, Nr. 11, S. 2424, Nov. 1996.

[27] M. Naftaly und R. Dudley, „Methodologies for determining the dynamic ranges and signal-to-noise ratios of terahertz time-domain spectrometers.“, *Optics letters*, Bd. 34, Nr. 8, S. 1213–5, Apr. 2009.

[28] E. R. Brown, F. W. Smith und K. A. Mcintosh, „GaAs photoconductors conversion f c“, S. 1480–1484, 1993.

[29] M. Scheller, K. Baaske und M. Koch, „Multifrequency continuous wave terahertz spectroscopy for absolute thickness determination“, *Applied Physics Letters*, Bd. 96, Nr. 15, S. 151 112, 2010.

[30] A. Roggenbuck, K. Thirunavukkuarasu, H. Schmitz, J. Marx, A. Deninger, I. C. Mayorga, R. Güsten, J. Hemberger und M. Grüninger, „Using a fiber stretcher as a fast phase modulator in a continuous wave terahertz spectrometer“, *J. Opt. Soc. Am. B*, Bd. 29, Nr. 4, S. 614–620, 2012.

[31] A. M. Sinyukov, Z. Liu, Y. L. Hor, K. Su, R. B. Barat, D. E. Gary, Z. H. Michalopoulou, I. Zorych, J. F. Federici und D. Zimdars, „Rapid-phase modulation of terahertz radiation for high-speed terahertz imaging and spectroscopy“, *Optics letters*, Bd. 33, Nr. 14, S. 1593–1595, 2008.

[32] M. Scheller, T. Kinder, O. Peters, T. Müller-Wirts und M. Koch, „Single Sampling Point Detection of Frequency Modulated Terahertz Waves“, *Journal of Infrared, Millimeter, and Terahertz Waves*, Bd. 33, Nr. 1, S. 36–42, Okt. 2011.

[33] D. Bigourd, A. Cuisset, F. Hindle, S. Matton, E. Fertein, R. Bocquet und G. Mouret, „Detection and quantification of multiple molecular species in mainstream cigarette smoke by continuous-wave terahertz spectroscopy.“, *Optics letters*, Bd. 31, Nr. 15, S. 2356–8, Aug. 2006.

[34] K. Baaske, K. Ezdi, C. Jordens, O. Peters, M. Mikulics und M. Koch, „Folded dipole antenna for increased cw THz output power“, *2009 34th International Conference on Infrared, Millimeter, and Terahertz Waves*, S. 1–2, Sep. 2009.

[35] A. J. Deninger, T. Göbel, D. Schönherr, T. Kinder, A. Roggenbuck, M. Köberle, F. Lison, T. Müller-Wirts und P. Meissner, „Precisely tunable continuous-wave terahertz source with interferometric frequency control.“, *The Review of scientific instruments*, Bd. 79, Nr. 4, S. 044 702, Apr. 2008.

[36] M. Scheller, C. Jansen und M. Koch, „Analyzing sub-100-μm samples with transmission terahertz time domain spectroscopy“, *Optics Communications*, Bd. 282, Nr. 7, S. 1304–1306, Apr. 2009.

[37] Q. Wu und X.-C. Zhang, „Free-space electro-optic sampling of terahertz beams“, *Applied Physics Letters*, Bd. 67, Nr. 24, S. 3523, 1995.

[38] A. Schneider, M. Neis, M. Stillhart, B. Ruiz, R. U. A. Khan und P. Günter, „Generation of terahertz pulses through optical rectification in organic dast crystals: theory and experiment“, *J. Opt. Soc. Am. B*, Bd. 23, Nr. 9, S. 1822–1835, Sep. 2006.

[39] B. Scherger, M. Scheller, C. Jansen, M. Koch und K. Wiesauer, „Terahertz lenses made by compression molding of micropowders“, *Appl. Opt.*, Bd. 50, Nr. 15, S. 2256–2262, Mai 2011.

[40] Y. H. Lo und R. Leonhardt, „Aspheric lenses for terahertz imaging“, in *Lasers and Electro-Optics, 2008 and 2008 Conference on Quantum Electronics and Laser Science. CLEO/QELS 2008. Conference on*, IEEE, 2008, S. 1–2.

[41] S. Schumann, C. Jansen, M. Schwerdtfeger, S. Busch, O. Peters, M. Scheller und M. Koch, „Spectrum to space transformed fast terahertz imaging“, *Optics Express*, Bd. 20, Nr. 17, S. 19 200, Aug. 2012.

[42] E. Abbe, „The Relationship of Aperture and Power in the Microscope“, *Journal of the Royal Microscopical Society*, Bd. 2, Nr. 3, S. 300–309, 1882.

[43] Q. Chen, Z. Jiang, G. X. Xu und X. C. Zhang, „Near-field terahertz imaging with a dynamic aperture.“, *Optics letters*, Bd. 25, Nr. 15, S. 1122–4, Aug. 2000.

[44] S. Hunsche, M. Koch, I. Brener und M. Nuss, „THz near-field imaging“, *Optics Communications*, Bd. 150, Nr. 1-6, S. 22–26, Mai 1998.

[45] D. Cooke, a. MacDonald, a. Hryciw, J. Wang, Q. Li, a. Meldrum und F. Hegmann, „Transient terahertz conductivity in photoexcited silicon nanocrystal films“, *Physical Review B*, Bd. 73, Nr. 19, S. 193 311, Mai 2006.

[46] M. Nagel und H. Kurz, „TERAHERTZ IMAGING : Terahertz reflectometry images faults in silicon chips“, *Laser Focus World*, 2011.

[47] M. Nagel, A. Michalski und H. Kurz, „Contact-free fault location and imaging with on-chip terahertz time-domain reflectometry.“, *Optics express*, Bd. 19, Nr. 13, S. 12 509–14, Juni 2011.

[48] A. J. Huber, F. Keilmann, J. Wittborn, J. Aizpurua und R. Hillenbrand, „Terahertz Near-Field Nanoscopy of Nanodevices“, *Nano letters*, Bd. 8, Nr. 11, S. 3766–3770, 2008.

[49] M. Stecher, *THz Generation and Devices: Design, Fabrication and Characterization*. Braunschweig: Cuvillier Verlag Göttingen, 2012.

[50] D. W. Pohl, W. Denk und M. Lanz, „Optical stethoscopy: Image recording with resolution λ/20“, *Applied Physics Letters*, Bd. 44, Nr. 7, S. 651, 1984.

[51] N. C. J. van der Valk und P. C. M. Planken, „Electro-optic detection of subwavelength terahertz spot sizes in the near field of a metal tip“, *Applied Physics Letters*, Bd. 81, Nr. 9, S. 1558, 2002.

[52] S. Wietzke, C. Jansen, T. Jung, M. Reuter, B. Baudrit, M. Bastian, S. Chatterjee und M. Koch, „Terahertz time-domain spectroscopy as a tool to monitor the glass transition in polymers.“, *Optics express*, Bd. 17, Nr. 21, S. 19 006–14, Okt. 2009.

[53] NASA Technical Reports, *Terahertz Density Thickness Imager, https://rt.grc.nasa.gov/2009/terahertz-density-thickness-imager/*, 2009.

[54] S. Wietzke, *Terahertz-Zeitbereichsspektroskopie: zerstörungsfreies Messferfahren zur Polymeranalytik und Kunststoffbauteilprüfung*. Braunschweig: Shaker Verlag, 2011.

[55] O. Peters, S. Wietzke, C. Jansen, M. Scheller und M. Koch, „Nondestructive detection of delaminations in plastic weld joints“, *35th International Conference on Infrared, Millimeter, and Terahertz Waves*, Nr. c, S. 1–2, Sep. 2010.

[56] K. Baaske, *Zerstörungsfreie Prüfung von faserverstärkten Kunststoffen mit der Dauerstrich THz-Spektroskopie*. Braunschweig: Cuvillier Verlag Göttingen, 2011.

[57] C. Jördens, M. Scheller, M. Wichmann, M. Mikulics, K. Wiesauer und M. Koch, „Terahertz birefringence for orientation analysis.“, *Applied optics*, Bd. 48, Nr. 11, S. 2037–44, Apr. 2009.

[58] S. Katletz, M. Pfleger, H. Pühringer, M. Mikulics, N. Vieweg, O. Peters, B. Scherger, M. Scheller, M. Koch und K. Wiesauer, „Polarization sensitive terahertz imaging: detection of birefringence and optical axis“, *Optics Express*, Bd. 20, Nr. 21, S. 23 025, Sep. 2012.

[59] M. Schwerdtfeger, M. Scheller, M. Stecher, O. Peters und M. Koch, „Discrete Sampling of Continuous Wave Terahertz Radiation“, in *Infrared, Millimeter, and Terahertz Waves, 2010. IRMMW-THz 2010. 35th International Conference on*, 2010, S. 5–6.

[60] K. Maruyama, N. Itani, S.-y. Hasegawa und S. Wakana, „High-speed terahertz spectroscopic imaging using noncollinear electro-optic sampling and a multistep mirror.“, *Optics express*, Bd. 19, Nr. 18, S. 17 738–49, Aug. 2011.

[61] B. Pradarutti, R. Müller, W. Freese, G. Matthäus, S. Riehemann, G. Notni, S. Nolte und a. Tünnermann, „Terahertz line detection by a microlens array coupled photoconductive antenna array“, *Opt. Express*, Bd. 16, Nr. 22, S. 18 443–18 450, Okt. 2008.

[62] F. Eichhorn, L. Høgstedt, J. C. D. Buron, R. K. Olsson, A. Kusk, J. Dall und P. U. Jepsen, „A multi-element THz imaging system“, in *Infrared, Millimeter, and Terahertz Waves, 2010. IRMMW-THz 2010 35th International Conference on*, 2010, S. 1–3.

[63] A. J. Fitzgerald, B. E. Cole und P. F. Taday, „Nondestructive analysis of tablet coating thicknesses using terahertz pulsed imaging.“, *Journal of pharmaceutical sciences*, Bd. 94, Nr. 1, S. 177–83, Jan. 2005.

[64] R. Wilk, I. Pupeza, R. Cernat und M. Koch, „Highly accurate THz time-domain spectroscopy of multilayer structures“, *Selected Topics in Quantum Electronics, IEEE Journal of*, Bd. 14, Nr. 2, S. 392–398, 2008.

[65] Y. C. Shen, T. Lo, P. F. Taday, B. E. Cole, W. R. Tribe, and M. C. Kem und M. C. Kemp, „Detection and identification of explosives using terahertz pulsed spectroscopic imaging“, *Applied Physics Letters*, Bd. 86, Nr. 24, S. 241 116, 2005.

[66] M. Schwerdtfeger, N. Krumbholz, O. Peters und M. Koch, „Handhled-Terahertz-Spektrometer zur Detektion von explosiven Flüssiggefahrstoffen (HANDHELD)“, Techn. Ber., 2011.

[67] C. M. d. L. Condamine, *Journal du voyage fait par ordre du roi à l'équateur*. 1751.

[68] C. Goodyear, *Improvement in India-Rubber fabrics*, 1844.

[69] Wirtschaftsverband der deutschen Kautschukindustrie e.V., „Die Kautschukindustrie 2011“, *GAK*, Nr. 6, S. 372–381, 2012.

[70] G. Abts, *Einführung in die Kautschuktechnologie*, 1. Aufl. Hanser, 2007, S. 165.

[71] M. Rinnbauer, G. Stein und V. Peterseim, „Elastomere“, in *Kunststoffe*, 2003, H. Domininghaus, P. Elsner, P. Eyerer und T. Hirth, Hrsg., Bd. 2005, Springer Berlin Heidelberg, 2008, Kap. Elastomere, S. 1231–1298.

[72] M. D. Lechner, E. H. Nordmeier und K. Gehrke, *Makromolekulare Chemie*, 4. Aufl. Birkhäuser Basel, 2010, S. 29.

[73] Lanxess, *Therban XT, http://www.therban.com/therban/en/technical_information/range_in_brief/therban_xt/.*

[74] R. Brown, *Physical Testing of Rubber*. Springer, 2006.

[75] G. Stein, E. Wünstel und E. Osen, „Nachhaltiges Compoundieren nur bei genauer Kenntnis der Rohstoffe und Wirkmechanismen“, in *Deutsche Kautschuktagung*, 2012.

[76] M. Mooney, „The Rheological Unit in Raw Elastomers“, *Journal of Applied Physics*, Bd. 25, Nr. 9, S. 1098, 1954.

[77] M. Narathichat, K. Sahakaro und C. Nakason, „Assessment degradation of natural rubber by moving die processability test and ftir spectroscopy“, *Journal of Applied Polymer Science*, Bd. 115, Nr. 3, S. 1702–1709, 2010.

[78] S. Chakraborty, S. Bandyopadhyay, R. Ameta, R. Mukhopadhyay und A. Deuri, „Application of {ftir} in characterization of acrylonitrile-butadiene rubber (nitrile rubber)“, *Polymer Testing*, Bd. 26, Nr. 1, S. 38–41, 2007.

[79] M. L. Kralevich und J. L. Koe, „Ftir analysis of silica-filled natural rubber“, *Rubber Chemistry and Technology*, Bd. 71, S. 300–309, 2 1998.

[80] G.-Y. Li und J. Koenig, „FTIR imaging of oxidation of polyisoprene 2. the role of n-phenyl-n-dimethyl-butyl-p-phenylenediamine antioxidant“, *Polymer Degradation and Stability*, Bd. 81, Nr. 3, S. 377–385, 2003.

[81] K. Jackson, M. Loadman, C. Jones und G. Ellis, „Fourier transform raman spectroscopy of elastomers: an overview“, *Spectrochimica Acta Part A: Molecular Spectroscopy*, Bd. 46, Nr. 2, S. 217–226, 1990.

[82] G. L. Simard und B. E. Warren, „X-ray study of amorphous rubber“, *Journal of the American Chemical Society*, Bd. 58, Nr. 3, S. 507–509, 1936.

[83] S. Toki, T. Fujimaki und M. Okuyama, „Strain-induced crystallization of natural rubber as detected real-time by wide-angle x-ray diffraction technique“, *Polymer*, Bd. 41, Nr. 14, S. 5423–5429, 2000.

[84] C. Brosseau, P. Queffelec und P. Talbot, „Microwave characterization of filled polymers“, *Journal of Applied Physics*, Bd. 89, Nr. 8, S. 4532–4540, 2001.

[85] C. Brosseau, „Generalized effective medium theory and dielectric relaxation in particle-filled polymeric resins“, *Journal of Applied Physics*, Bd. 91, 5 2002.

[86] Picometrix Inc., *The innovator and leader in terahertz instrumentation, http://www.picometrix.com/pico_products/terahertz_products.asp, zugegriffen am 12.2.2013*, 2012.

[87] I. Duling, „Subpicosecond all-fibre erbium laser“, *Electronics letters*, Bd. 27, Nr. 6, S. 544–545, 1991.

[88] C. K. Nielsen, B. Ortac, T. Schreiber und J. Limpert, „Self-starting self-similar all-polarization maintaining Yb-doped fiber laser“, Bd. 13, Nr. 23, S. 9346–9351, 2005.

[89] B. Sartorius, H. Roehle, H. Künzel, J. Böttcher, M. Schlak, D. Stanze, H. Venghaus und M. Schell, „All-fiber terahertz time-domain spectrometer operating at $1.5\ \mu m$ telecom wavelengths“, *Opt. Express*, Bd. 16, Nr. 13, S. 9565–9570, 2008.

[90] F. Ospald, D. Maryenko, K. von Klitzing, D. C. Driscoll, M. P. Hanson, H. Lu, C. Gossard und J. H. Smet, „1.55 Âµm ultrafast photoconductive switches based on ErAs:InGaAs“, *Applied Physics Letters*, Bd. 92, Nr. 13, S. 131 117, 2008.

[91] S. A. Crooker, „Fiber-coupled antennas for ultrafast coherent terahertz spectroscopy in low temperatures and high magnetic fields“, *Review of Scientific Instruments*, Bd. 73, Nr. March, S. 3258, 2002. arXiv: `0204016v1 [arXiv:physics]`.

[92] B. B. Hu, X.-C. Zhang und D. H. Auston, „Temperature dependence of femtosecond electromagnetic radiation from semiconductor surfaces“, *Applied Physics Letters*, Bd. 57, Nr. 25, S. 2629, 1990.

[93] S. C. Howells, S. D. Herrera und L. a. Schlie, „Infrared wavelength and temperature dependence of optically induced terahertz radiation from InSb“, *Applied Physics Letters*, Bd. 65, Nr. 23, S. 2946, 1994.

[94] J. S. Weiner, D. Chemla, D. A. B. Miller, T. Wood, D. Sivco und A. Y. Cho, „Room-temperature excitons in $1.6 - \mu m$ band-gap gainas/alinas quantum wells“, *Applied Physics Letters*, Bd. 46, Nr. 7, S. 619–621, 1985.

[95] R. Gente, C. Jansen, R. Geise, O. Peters, M. Gente, N. Krumbholz, C. Moller, S. Busch und M. Koch, „Scaled bistatic radar cross section measurements of aircraft with a fiber-coupled thz time-domain spectrometer“, *Terahertz Science and Technology, IEEE Transactions on*, Bd. 2, Nr. 4, S. 424–431, 2012.

[96] S. Wang und X.-C. Zhang, „Pulsed terahertz tomography“, *Journal of Physics D: Applied Physics*, Bd. 37, Nr. 4, R1–R36, Feb. 2004.

[97] I. Duling und D. Zimdars, „Terahertz imaging: Revealing hidden defects“, *Nature Photonics*, Bd. 3, Nr. 11, S. 630–632, Nov. 2009.

[98] O. Peters, M. Schwerdtfeger, S. wietzke, S. Sostmann, R. Scheunemann, R. Wilk, R. Holzwarth, M. Koch und B. M. Fischer, „Terahertz spectroscopy for rubber production testing, Polymer testing, zur veröffentlichung angenommen“, 2013.

[99] M. Ruff, D. Streb, S. U. Dankowski, S. Tautz, P. Kiesel, B. Knüpfer, M. Kneissl, N. Linder, G. H. Döhler und U. D. Keil, „Polarization dependence of the electroabsorption in low-temperature grown GaAs for above band-gap energies“, *Applied Physics Letters*, Bd. 68, Nr. 21, S. 2968, 1996.

[100] A. Arora, S. Ghosh, B. M. Arora, S. Malzer und G. Döhler, „Polarization sensitive lateral photoconductivity in GaAs/AlGaAs quantum well based structures on low-temperature grown GaAs(001)", *Applied Physics Letters*, Bd. 97, Nr. 8, S. 081 902, 2010.

[101] J. Coleman, U. Khan, W. Blau und Y. Gunko, „Small but strong: A review of the mechanical properties of carbon nanotube-polymer composites", *Carbon*, Bd. 44, Nr. 9, S. 1624–1652, Aug. 2006.

[102] Y. Ji, Y. Y. Huang, R. Rungsawang und E. M. Terentjev, „Dispersion and Alignment of Carbon Nanotubes in Liquid Crystalline Polymers and Elastomers", *Advanced Materials*,

[103] O. Peters, S. F. Busch, B. M. Fischer und M. Koch, „Determination of the Carbon Nanotube Concentration and Homogeneity in Resin Films by THz Spectroscopy and Imaging", *Journal of Infrared, Millimeter, and Terahertz Waves*, Bd. 33, Nr. 12, S. 1221–1226, Sep. 2012.

[104] W. Withayachumnankul, B. M. Fischer und D. Abbott, „Material thickness optimization for terahertz time-domain spectroscopy", *Optics express*, Bd. 16, Nr. 10, S. 7382–7396, 2008.

[105] P. H. Hoet, I. Brüske-Hohlfeld und O. V. Salata, „Nanoparticles - known and unknown health risks.", *Journal of nanobiotechnology*, Bd. 2, Nr. 1, S. 12, Dez. 2004.

[106] T. Taubner, F. Keilmann und R. Hillenbrand, „Nanoscale-resolved subsurface imaging by scattering-type near-field optical microscopy.", *Optics express*, Bd. 13, Nr. 22, S. 8893–9, Okt. 2005.

[107] S. N. Magonov und D. H. Reneker, „Characterization of Polymer Surfaces With Atomic Force Microscopy", *Annual Review of Materials Science*, Bd. 27, Nr. 1, S. 175–222, Aug. 1997.

[108] J. Sandler, M. S. P. Shaffer, T. Prasse, W. Bauhofer, K. Schulte und A. H. Windle, „Development of a dispersion process for carbon nanotubes in an epoxy matrix and the resulting electrical properties", *Polymer*, Bd. 40, Nr. 21, S. 5967–5971, 1999.

[109] Alpha Technologies, *Dispersion Testing, http://www.alpha-technologies.com/alpha-technologies-dispersion-testing zugegriffen am 12.2.2013*, 2013.

[110] K. H. Ding, L. M. Zurk und L. Tsang, „Pair distribution functions and attenuation rates for stickly particles in dense media", *Journal of Electromagnetic Waves and Applications*, Bd. 8, Nr. 12, S. 1585–1604, 1994.

[111] L. M. Zurk, L. Tsang, K. H. Ding und D. P. Winebrenner, „Monte Carlo simulations of the extinction rate of densely packed spheres with clustered and nonclustered geometries", *Journal of the Optical Society of America A*, Bd. 12, Nr. 8, S. 1772, Aug. 1995.

[112] L. Tsang und J. a. Kong, „Multiple scattering of electromagnetic waves by random distributions of discrete scatterers with coherent potential and quantum mechanical formalism“, *Journal of Applied Physics*, Bd. 51, Nr. 7, S. 3465–3485, 1980.

[113] N. Krumbholz, N. Vieweg, T. Hasek, K. Kretschmer, M. Bastian, M. Miculics und M. Koch, „Monitoring polymeric compounding processes inline with THz time-domain spectroscopy“, *Polymer Testing*, Bd. 28, Nr. 1, S. 30–35, 2009.

[114] D. Grischkowsky und S. Keiding, „Far-infrared time-domain spectroscopy with terahertz beams of dielectrics and semiconductors“, *J. Opt. Soc. Am. ...*, Bd. 7, Nr. 10, S. 2006–2015, 1990.

[115] R. Clausius, *Die Mechanische Wärmetheorie II*. Vieweg, 1867.

[116] D. Tabor, „The bulk modulus of rubber“, *Polymer*, Bd. 35, Nr. 13, S. 2759–2763, 1994.

[117] S. Kovuttikulrangsie und J. T. Sakdapipanich, „The molecular weight (MW) and molecular weight distribution (MWD) of NR from different age and clone Hevea trees“, *Songklanakarin J. Sci. ...*, Nr. September 2003, S. 2–7, 2004.

[118] Flohreus GmbH, *Datenblatt: Naturkautschuk 40 grau, http://www.flohreus.de/index.php?page=A2, zugegriffen am 12.2.2013*, 2013.

[119] N. Krumbholz, *Fasergekoppelte Terahertz-Zeitbereichsspektrometer: Entwicklung und Anwendung*. Braunschweig: Cuvillier Verlag Göttingen, 2010.

[120] P. U. Jepsen und B. M. Fischer, „Dynamic range in terahertz time-domain transmission and reflection spectroscopy.“, *Optics letters*, Bd. 30, Nr. 1, S. 29–31, Jan. 2005.

[121] M. Nagai, H. Yada, T. Arikawa und K. Tanaka, „Terahertz time-domain attenuated total reflection spectroscopy in water and biological solution“, *International Journal of Infrared and Millimeter Waves*, Bd. 27, Nr. 4, S. 505–515, Feb. 2007.

[122] D. Molter, G. Torosyan, J. Klier, C. Matheis, C. Petermann, S. Weber, F. Ellrich, J. Jonuscheit und R. Beigang, „Handheld miniature THz ATR module“, in *2011 International Conference on Infrared, Millimeter, and Terahertz Waves*, Ieee, Okt. 2011.

Veröffentlichungen

Fachartikel

- Terahertz Spectroscopy for Rubber Production Testing, O. Peters; M. Schwerdtfeger; S. Wietzke, S. Sostmann, R. Scheunemann, R. Wilk, R. Holzwarth, M. Koch, B. M Fischer Polymer Testing 32 (2013), pp. 932-936

- Investigating Material Characteristics and Morphology of Polymers Using Terahertz Technologies, B. M. Fischer, S. Wietzke, M. Reuter, O. Peters, R. Gente, C. Jansen, N. Vieweg, M. Koch IEEE Transactions on Terahertz Science and Technologie, im Druck.

- Determination of the carbon nanotube concentration and homogeneity in resin films by THz spectroscopy and imaging, O. Peters, S.F. Busch, B. M. Fischer, M. Koch J. Infrared Milli Terahz Waves, 33, 12 (2012)

- Polarization Sensitive Terahertz Imaging Detection of Birefringence and Optical Axis, S. Katletz, M. Pfleger, H. Pühringer, M. Mikulics, N. Vieweg, O. Peters, B. Scherger, M. Scheller, M. Koch and K. Wiesauer Optics Express 21, 23025 (2012)

- Scaled bistatic radar cross section measurements of aircraft with a fiber-coupled THz time domain spectrometer, R. Gente, C. Jansen, R. Geise, O. Peters, M. Gente, N. Krumbholz, C. Möller, S. Busch, M. Koch IEEE Terahertz Sci. and Technol. 2, 424 (2012)

- Single Sampling Point Detection of Frequency Modulated Terahertz Waves, M. Scheller, T. Kinder, O. Peters, T. Müller-Wirts, M. Koch J. Infrared Milli Terahz 33, 36 (2012)

- Terahertz imaging: applications and perspectives, C. Jansen, S. Wietzke, O. Peters, M. Scheller, N. Vieweg, M. Salhi, N. Krumbholz, C. Jördens, T. Hochrein and M. Koch Applied Optics, 2010, 49(19), pp. E48-E57

- Terahertz-Spektroskopie zur zerstörungsfreien Prüfung von stoffschlüssigen Kunststoffverbindungen mit dem Schwerpunkt Schweissnahtqualitätskontrolle, B. Baudrit, P. Heidemann, M. Bastian, S. Wietzke, N. Krumbholz, C. Jansen, M. Koch, Fügen von Kunststoff/Joining Plastics 3-4 170-176 (2010)

- M. Koch, S. Wietzke, C. Jansen, M. Scheller, N. Krumbholz, O. Peters, C. Jördens, T. Hochrein, T. Jung, S. Chatterjee, Anwendungen für Terahertz-Systeme: Märkte und Perspektiven einer innovativen Technik, Chemie Ingenieur Technik 82 (4), 467-476 (2010)

- S. Wietzke, C. Jördens, C. Jansen, N. Krumbholz, M. Scheller, O. Peters, B. Baudrit, T. Hochrein, T. Zentgraf, M. Bastian, M. Koch, Terahertz-Spektroskopie an der Schwelle zum industriellen Einsatz, Kunststoffe international 4, 20-25 (2010)

Konferenzbeiträge

- Inline-Überwachung der Elastomerextrusion mittels Terahertz-Spektroskopie, S. Sostmann, S. Wietzke, M. Koch, O. Peters, R. Holzwarth, R. Scheunemann, Jahrestagung der DKG (Dt. Kautschuk Gesellschaft) 2013

- Thermal behavior of InGaAs-THz photoconductive antennas, O. Peters, M. Schwerdtfeger, R. Dietz, R. Wilk, R. Scheunemann, R. Holzwarth, M. Koch, International conference on Infrared, Millimeter, and Terahertz Waves (IRMMW-THz), 2012

- Scaled bistatic radar cross section measurements with a fiber-coupled THz time domain spectrometer, R. Gente, C. Jansen, R. Geise, O. Peters, M. Gente, N. Krumbholz, C. Möller, S. Busch, M. Koch, International conference on Infrared, Millimeter, and Terahertz Waves (IRMMW-THz), 2012

- PS-THz imaging: Analysis of orientation and birefringence, S. Katletz, M. Pfleger, H. Puhringer, M. Mikulics, N. Vieweg, O. Peters, B. Scherger, M. Scheller, M. Koch, K. Wiesauer, International conference on Infrared, Millimeter, and Terahertz Waves (IRMMW-THz), 2012

- Screening food and general industrial products with THz systems, O. Peters, B. Scherger, C. Jördens, C. Jansen, S. Wietzke and M. Koch Rapid Methods Europe, Food and Feed Safety and Quality 2011 (invited)

- Pulsed THz Systems and their Applications for Security Inspection and Non-Destructive Testing, M. Wichmann, S. Wietzke, M. Schwerdtfeger, B. Scherger, M. Scheller, C. Jansen, O. Peters, N. Krumbholz and M. Koch Air Force Special Session Terahertz Workshop Halifax, Canada, June 2011

- Making THz systems industry compatible, M. Koch, M. Scheller, M. Schwerdtfeger, M. Stecher, O. Peters, B. Scherger, B. Heinen, S. Wietzke, T. Hochrein, N. Vieweg, C. Jördens, N. Krumbholz and C. Jansen 20th Intern. Conf. on Applied Electromagnetics and Communications Dubrovnik, Croatia, September 2010 (invited)

- Frequency modulation for continuous wave terahertz spectroscopy, M. Scheller, T. Kinder, O. Peters, T. Müller-Wirts and M. Koch IRMMW/THz Rome, Italy, September 2010
- Nondestructive detection of delaminations in plastic weld joints, O. Peters, S. Wietzke, C. Jansen, M. Scheller and M. Koch IRMMW/THz Rome, Italy, September 2010
- Terahertz Systems and their Applications, C. Jansen, S.Wietzke, O. Peters, M. Scheller, N. Vieweg, B. Scherger, N. Krumbholz and M. Koch International Conference on Coherent and Nonlinear Optics (ICONO/LAT) Kazan, Russia, August 2010 (invited)
- Terahertz Spectroscopy - A Powerful Tool for the Characterization of Plastic Materials, S. Wietzke, C. Jansen, N. Krumbholz, O. Peters, N. Vieweg, C. Jördens, M. Scheller, D. Romeike, T. Jung, M. Reuter, S. Chatterjee and M. Koch 10th IEEE International Conference on Solid Dielectrics (ICSD), Potsdam, Germany, July 2010
- Folded dipole antenna for increased cw THz output power, K. Baaske, K. Ezdi, C. Jordens, O. Peters, M. Mikulics and M. Koch IRMMW/THz Busan, South Korea, September 2009
- Alignment and illumination issues in scaled THz RCS measurements, C. Jansen, N. Krumbholz, R. Geise, T. Probst, O. Peters, A. Enders and M. Koch IRMMW/THz Busan, South Korea, September 2009
- Z-scan based fiber-coupled coherent cw THz imaging system, O. Peters, K. Baaske, N. Krumbholz, T. Probst and M. Koch IRMMW/THz Busan, South Korea, September 2009
- Industrial Applications for Terahertz Systems, C. Jansen, S. Wietzke, M. Scheller, N. Krumbholz, K. Baaske, N. Vieweg, O. Peters, C. Jördens and M. Koch SURA Terahertz Applications Symposium Washington, DC, USA, June 2009